K.G. りぶれっと No.15

生命誌

メンデルからクローンへ

井上尚之［著］

関西学院大学出版会

はしがき

19世紀後半、メンデルはエンドウの種子の形や子葉の色などの形質が親から子へと引き継がれる現象を見て、形質を伝える要素つまり遺伝子が存在することを予測した。メンデルからおよそ150年の時を経て、生物学は長足の進歩を遂げ、遺伝子が染色体にあるDNAであることを解き明かした。1991年にヒトのDNAを構成する4つの塩基配列全てを明らかにするゲノム計画が開始された。ゲノムとは生物の持つ一揃いの遺伝情報をいう。ワトソンとクリックがDNAの2重らせん構造を解明してからちょうど50周年となる2003年4月14日にヒトゲノム計画は完成した。現在世界中の科学者がこの解明された塩基配列を詳しく調べ、それぞれの染色体にどのような遺伝子が含まれているかを明らかにすべく日夜激しい競争を繰り広げている。また生物学と工学が結びつき、生物の持つ機能を利用して品種改良や食品の製造に利用するバイオテクノロジーが、植物のみならず動物にも応用され、1996年にクローンヒツジドリー(1996〜2003)が誕生するに至った。そしてついにバイオテクノロジーは人間の生殖にも応用され始めた。

本書は、メンデルの法則、血液型の発見から始めてヒトゲノム解読までの歴史的展開を試みる。また遺伝子組換え食品の現状と問題点を闡明(せんめい)する。さらにバイオテクノロジーの進歩によるヒトの生殖技術の実態を伝え、この技術のヒトの生殖への応用によってもたらされる法的問題、生命倫理にも鋭く切り込んでいく。

本書により読者諸氏が生命科学の歴史と現状を理解されるとともに、生命科学が我々にもたらした諸問題を知られることを期待したい。

2006年秋

博士（学術）　理学博士　井上尚之

目 次

第１章　血液型の発見

第１節　血液型の発見者

現在 ABO 式血液型が血液型の分類に一般的に使われている。この血液型を世界で最初に発見したのはウィーン大学のカール・ランドシュタイナー（1868 ～ 1943、1922 年ニューヨークのロックフェラー医学研究所に招聘され渡米し 1930 年にノーベル医学・生理学賞受賞）である。1901 年、彼は人の血液を血球と血清に分け、自分の血球は自分の血清を混ぜ合わせても血球が集まって凝集することはないが、他人の血清を混ぜ合わせると凝集することがあることを見つけた。つまり、彼を含めた６人の研究者の血球と血清とを分離し、組み合わせを変えて混ぜ合わせた。そして凝集が起こる組み合わせから、血液が３種類に分類された。この６人の中では AB 型がいなかったので第４の血液型の発見は翌年に持ち越された。その後、多くの学者によっていろいろな名称が提案されたが結局 1927 年に国際連盟の専門委員会で A 型、O 型、B 型、AB 型の名称を用いるように決議された。ABO 式血液型の発見は、それまで危険で不確実とされていた輸血治療を飛躍的に発展させ多くの人命がこれによって救われるようになった。

ここで、血液の成分について確認しておく。血液は、有形成分（血球）である赤血球・白血球・血小板と液体成分である血漿に分けられる。血漿の 90% は水であり、次にタンパク質を多く含む。その他脂肪・無機塩類・ブドウ糖･アミノ酸などを含む。タンパク質は人の血漿中の７～ 9% を占め、アルブミン・グロブリン・フィブリノゲンなどがあり、まとめて血液タンパクという。フィブリノゲンは血液凝固に関係するタンパク質である。血液を試験管に入れておくと赤いゼリー状になって固まり、やがて固まりは赤い餅状になって沈む。これを血餅（けつぺい）という。上部には淡黄色の透明な液体がたまり、これを血清とよんでいる。血餅は、血漿中のフィブリノゲンが繊維状のフィブリンとなって、赤血球・白血球・血小板を絡めるようにして沈着したものである。つまり、次の関係がある。

血餅＝血液の有形成分＋フィブリン
血清＝血漿－フィブリノゲン

ランドシュタイナーらは次表に示す実験結果から4つの血液型を見出したのである。

表1　ランドシュタイナーの発見した4つの血液型

血液型	A型	B型	AB型	O型
A型血清	－	＋	＋	－
B型血清	＋	－	＋	－

注）＋は凝集することを示し、－は凝集しないことを示す。

ABO式血液型の発見の後、A型の父とA型の母からはA型かO型の子供しか生まれず、B型の父とB型の母からはB型かO型の子供しか生まれず、A型の父とB型の母からはA型、B型、O型、AB型全ての型が生まれる場合があることがわかってきた。つまり、血液型の遺伝にはある規則があることが判明したのである。

日本初の血液型検査を行ったのは、1911年にハイデルベルグ大学に留学し、本場の血液学を学び長野日赤病院で勤務医として従事した原来復(はらきまた)といわれる。原は血液検査をしていて不思議なことに気づいた。A型が5人、O型が1人という6人兄弟の性質を調べてみるとO型の1人が全く他の兄弟と異なっている。また異なるケースではA型の2人の兄とB型の弟では性質がまったく異なっている。原来復は血液型と性格の関係を1916年の『医事新聞』に「血液型の類族的構造について」という記事を掲載している。

血液型と人間の性格との関連の日本初の本格的研究は、東京女子師範学校教授で教育学者の古川竹二（1891 ～ 1940）が『心理学研究』（2 巻 4 号、1927 年）の中で著した論文「血液型による気質の研究」である。古川はその中で次のように述べている。

O 型者。自信力の強い、意思強固な、物に動じない、理智的で感情に駆られない、事を決したら迷わない。A 型者。温厚従順なる事、事をなすに慎重、細心、謙虚、反省的感情的など云う長所がある反面に、心配性とか、孤独、非社交的などと云う短所も出てくる。B 型者。長所としては淡白、快活、派手な事をする、活動的、敏感、社交的、楽天的などと云う事が挙げられ得るが、移り気、事実を誇張したり、多弁であったり、出すぎたりと云うやうな所をもったりする。AB 型の者。快活で用心深い、果断なやうで動揺し易かったりする。

この研究の集大成が『血液型と気質』（三省堂、1932）に出版された。

古川氏のこの 90 年前の主張に首肯される方も多いと思うが、果たして血液型と性格には相関関係が存在するのだろうか。

我々が次に明らかにしなければならないことは次の 2 点である。

（1）ABO 式血液型の遺伝法則。

（2）血液型と性格の間の相関関係。

第 2 節　メンデルの遺伝法則

(1) メンデル

メンデル（オーストリア 1822 ～ 1889）は、オーストリアのブリュン、現在のチェコ共和国のブルノの修道士であった。彼は修道院で修行しつつ、1851 年、ウィーン大学に留学した。大学では実験物理学を学ぶと共に数学、化学、動物学、植物学など幅広い分野の講義を聴講した。

1865年、メンデルは発見した遺伝の法則をブルノ自然科学会例会で報告すると共に、「雑種植物の研究」と題した論文を発表した。しかし当時メンデルの価値は認められなかった。

1900年、ド・フリース（オランダ1848～1935）、コレンス（ドイツ1864～1933）、チェルマク（オーストリア1871～1962）の3人がそれぞれ独自に行った交雑実験の結果を説明しようとしてメンデルの論文を発見し、その重要性を認めたそれ以降、再発見されたメンデルの法則は「メンデルの法則」と呼ばれ、メンデルの業績は高く評価されるようになった。

(2) メンデルの実験

メンデルはエンドウの持つ形や色などの形質（生物を特徴付ける形や性質）の中から7対を選び、それぞれが親から子へそして孫へどのように伝わるかを調査した。エンドウは普通はめしべに同じ花の花粉がついて受精、つまり自家受粉するが別の花粉がついても受精し、種子ができる。

メンデルは何度か自家受粉を繰り返し、同じ形質が安定して生じる純系P（parensラテン語で親の意味）を選んで、異なった系統の間で受精させる実験つまり交雑を行った。交雑実験をする場合には、あらかじめ花粉が成熟する前におしべを取り除いてめしべだけにしてから、紙袋をかけ、他の花粉がつかないようにした。その結果生まれた雑種第1代F1（filiusラテン語で子の意味）やF1の自家受粉によって生まれた雑種第2代F2に現れる形質を調べた。その結果次の表2を得た。

(3) メンデルの法則

メンデルが実験を続けていた時代よりも以前には形質は液体のようなもので伝えられると考えられていた。メンデルは、エンドウの交雑実験を考察する過程で、遺伝の規則性を説明するには、それぞれの形質を子に伝えるエレメント（要素）を仮定すればよいことを発見した。同時にそれらの要素をA、aのような記号で表示することを提案した。現在ではメンデルの考えたエレメントを遺伝子と呼んでいる。

表２　メンデルの実験

		種子の形	子葉の色	種皮の色	さやの形	さやの色	花のつき方	草たけ
F1に現れる形質	優勢形質	丸	黄色	灰色	膨れ	緑色	腋生	高い
F1に現れない形質	劣勢形質	しわ	緑色	白色	くびれ	黄色	頂生	低い
F2に現れる個体数	優性	5474	6022	705	882	428	651	787
	劣性	1850	2001	224	299	152	207	277
F2の分離比（優性：劣勢性）		丸：しわ =2.96:1	黄：緑 =3.01:1	灰：白 =3.15:1	膨れ：くびれ =2.95:1	緑：黄 =2.82:1	腋生：頂生 =3.14:1	高：低 =2.84:1

注）子葉の色は薄い種皮を通して子葉の色がみえる。葉の付け根に花がつくものを腋生、茎の先端に花がつくものを頂生という。

メンデルは表２の結果を次のように考えた。

●優性の法則

Ｐを交雑してできた雑種第１代F1には両親のどちらかの形質しか現れない。これを優性の法則という。F1に現れた形質を優性形質、現れなかった形質を劣性形質という。このような対立する形質を対立形質という。

●分離の法則

メンデルは優性の法則及びF2に両親の形質が３：１の比で現れる理由を対立形質を現す元になる対立遺伝子を想定して考えた。例えばエンドウの種子を丸くする優性遺伝子をＡ、種子をしわにする劣性遺伝子をａとすると、優性形質の親Ｐは、ＡＡの遺伝子を持ち、劣性形質の親はaaの遺伝子を持つ。Pの配偶子（有性生殖のために造られる生殖細胞）形成時にAA 及び aa は分離してA，A及びa，aとなり配偶子に入るのでF1は両親からそれぞれAとaを受けとり遺伝子の組み合わせはAaとなる。またF1ではAの働きによって優性の形質だけが現れると考えた。次にF1の配偶子形成時に遺伝子Aaは、Aとaに分離して1つずつ配偶子に入る。よって、F2の遺伝子はAA，Aa，Aa，aaとなり、Pの形質が3：1で現れる。このように配偶子が形成されるとき対になっていた遺伝子は別れて別々の配偶子に伝えられることを分離の法則と呼ばれる。

配偶子の受精によって得られるAA，Aa，aaのような遺伝子の組み合わせを遺伝子型といい、AA，aaのように同じ遺伝子型からなるものをホモ接合対、Aaのように異なる遺伝子型からなるものをヘテロ接合体という。

また、「丸い」や「しわ」などのように固体に表れている形質を表現型という。

以上の内容を表によって確かめる。

表3　F1の遺伝子型　優性の法則

P…　　AA（♂）　　aa（♀）

↓　　↓

配偶子…　　AとA　　aとa

♂ / ♀	A	A
a	Aa	Aa
a	Aa	Aa

F1の遺伝子型はすべてAaであり、形質にはすべて優性形質すなわちAが示す形質が現れることがわかる。次にF2について分離の法則を表に示す。

表４　F2の遺伝子型　分離の法則

F1…　Aa（♂）→ A と a　　Aa（♀）→ A と a

配偶子…　A と a　　A と a

♀＼♂	A	a
A	AA	Aa
a	Aa	aa

F2の遺伝子型はすべてAA:Aa:aa=1:2:1であり、形質は優性形質A:劣性形質a=3：1で現れることがわかる。

○検定交雑

種子の形が丸いエンドウには、遺伝子型がAAのものとAaのものがあって表現型からは遺伝子型を区別できない。これを判別するには種子の形がしわであるホモ接合体aaと交雑実験（形質の異なるものどうしを人為的にかけあわせ、雑種をつくって形質の伝わり方を調べる実験を交雑実験という）を行い、できた種子がすべて丸いときには、親の遺伝子型はAAであり、丸形としわ形が1：1で出現したときは親の遺伝子型はAaであることがわかる。このように、劣性遺伝子のホモ接合体と交雑して、遺伝子型が未知の優性形質の固体の遺伝子型を知る方法は検定交雑とよばれる。メンデルは検定交雑の結果から、一遺伝子雑種の雑種のF1の配偶子がつくられるとき、優性遺伝子と劣性遺伝子をもつ配偶子が1：1の割合にできることを確かめた。

表５においてx=Aのとき、F1の形質はすべてAが出現する。つまりすべて丸形になる。x=aのとき、F1の形質はAとaつまり丸形としわ形が1：1の比で出現することがわかる。

表5　検定交雑実験

P…　Ax（♂）　aa（♀）
↓　↓
配偶子…　A と x　a と a

♀＼♂	A	x
a	Aa	ax
a	Aa	ax

●独立の法則

遺伝する形質のうち、2組の対立形質に着目して純系どうしを交雑してつくった新種を二遺伝子雑種という。エンドウの種子が丸くて子葉の色が黄色の純系（遺伝子型 AABB）と種子にしわがあってその子葉が緑色の純系（遺伝子型 aabb）はすべて種子が丸くて子葉が黄色の優性形質になる。F1 の遺伝子型は総て AaBb であり、形質は、丸・黄である。

表6　F1 の遺伝子型と形質　独立の法則と優性の法則

P…　AABB（♂）　aabb（♀）
↓　↓
配偶子…　AB と AB　ab と ab

♀＼♂	AB	AB
ab	AaBb 丸・黄	AaBb 丸・黄
ab	AaBb 丸・黄	AaBb 丸・黄

このF1を自家受精してF2をつくると、次表のようになる。

表7　F2の遺伝子型と形質　独立の法則

♀＼♂	AB	Ab	aB	ab
AB	AABB 丸・黄	AABb 丸・黄	AaBB 丸・黄	AaBb 丸・黄
Ab	AABb 丸・黄	AAbb 丸・緑	AaBb 丸・黄	Aabb 丸・緑
aB	AaBB 丸・黄	AaBb 丸・黄	aaBB しわ・黄	aaBb しわ・黄
ab	AaBb 丸・黄	Aabb 丸・緑	aaBb しわ・黄	aabb しわ・緑

F2の形質は、丸・黄：丸・緑：しわ・黄：しわ・緑 =9：3：3：1の割合で出現する。これはF1の配偶子が作られるとき2組の対立遺伝子が互いに影響しあうことなく配偶子に配分され、AB、Ab、aB、abの4種類の配偶子が同じ割合ででき、これらが任意に組み合わさって受精するためである。このように、2組以上の対立遺伝子が、互いに独立して配偶子に伝えられることを独立の法則という。

優性の法則、分離の法則、独立の法則の3つの法則は、メンデルが、エンドウの交雑実験の結果から導いた遺伝の基本法則である。これらをまとめてメンデルの法則という。

(4) メンデルの法則が無視された理由

メンデル自身の発見が30年以上にわたって無視された理由についてこれまで様々な説明が試みられてきた。その主なものを挙げる。

①メンデルは地方の修道院長であり、首都の大学教授ではなく、彼の論

文が掲載された雑誌も地方のものであった。つまり彼の属していた科学者と称する人たちの地位が低く、中央の大学教授に無視された。

②メンデルの方法は、交雑実験結果を形質ごとに分類して集計し、統計的に処理し、抽象的なエレメントという仮説を立てた。さらに新たな実験を行いその結果から仮説が正しいことを確かめた。現代でこそ遺伝を伝えるエレメント、すなわち遺伝子の実態が後述するように解明されているが、そういうことがわかっていなかった時代に抽象的なエレメントという概念を持ち込み、さらに統計処理をするという数学的方法を持ち込むということは前人未踏の所業であり、当時の生物学者には理解できなかった。

後に統計学者フィッシャー（米 1867 ~ 1947）は、メンデル論文のデータを統計的検定にかけ、その論文で挙げられているデータが実際に得られた可能性はほとんどないことを主張し、メンデルが実験結果から法則を得たのではなく、最初から法則を確信していたと主張している。

③エンドウのように形質できれいな規則が見られる生物は例外的であり、それゆえにどうしてそれが全遺伝現象に関する根本法則であるかについての納得が当時の生物学者は得ることができなかった。

④人の家系の研究やウシなどの哺乳動物にメンデルの法則がそれ自体として直接観察されるものではなかった。

特に④については様々な「補助仮説」（例えば次節の血液の遺伝はメンデルの法則に厳密に従わず仮説が必要である）をつけて、その結果が全体として実験・観察によって検証される。これはメンデルの法則に限らず、ガリレイの落下法則やニュートンの運動法則についてもあてはまる。1900 年にメンデルの法則が前述の 3 人によって再発見されたときに直ちに法則として認められずに、約 20 年を要したのはそのためであった。つまり、この 20 年の間に様々な「補助仮説」が整備されていったのであった。

第3節　血液の遺伝法則

ヒトのABO式血液型には、前述のごとくA型、B型、O型、AB型があるがABO式血液型を決める遺伝子はA, B, Oの3種類があり、これらの遺伝子は、対立遺伝子の関係にある。このように3つ以上の遺伝子が対立関係にあるとき、これらの遺伝子を複対立遺伝子という。そしてAとBの間には優劣の関係はなく、OはAとBのどちらに対しても劣性であるという「補助仮説」を導入すると、血液型の遺伝がうまく説明できる。

表8　血液型と遺伝子型

血液型	A型	B型	AB型	O型
遺伝子型	AA、AO	BB、BO	AB	OO

A型（遺伝子型をAOとする）の父とB型の母（遺伝子型をBOとする）の間に生まれる子供の血液型とその遺伝子型の例を次表に示す。

表9　A型の父とB型の母から生まれる子の血液型と遺伝子型

P…　AO（♂）→ 配偶子… AとO（精子）

P…　BO（♀）→ 配偶子… BとO（卵子）

♀＼♂	A	O
B	AB AB型	BO B型
O	AO A型	OO O型

ところで日本では、血液型別人数比は、A 型：O 型：B 型：AB 型 =4：3：2：1である。世界でみると必ずしもこのような比にはなっていない。アメリカ合衆国では、A 型：O 型：B 型：AB 型 =41：45：10：4 。中国（華南)、A 型：O 型：B 型：AB 型 =27：44：23：6 。インド（東北)、A 型：O 型：B 型：AB 型 =21：29：41：9 。このように地域によって、A 型、O 型、B 型が最多であり、一概にどの型が多いとは言えない。このように地域によって血液型の割合に差があるのは、最初にその地域に住み着いた人が偶然に特定の血液型が多く、その血液型を持つ男女の交配によりその血液型を持つ人が増えたということは誰でもが気づくことである。しかし、劣性遺伝子である O 型が異常に多い地域も存在している。梅毒に対して、O 型の人が他の血液型に対して抵抗力があることが知られている。コロンブスがアメリカ大陸を発見する前からアメリカ原住民の間では梅毒が存在したが、その結果梅毒に強い O 型の血液型の人がアメリカ先住民には多く、現在のアメリカでもその影響で O 型の血液型が多いという説がある。逆に、O 型はコレラに弱く、コレラの流行地例えばインドなどでは O 型が少ないという説もある。

病気に対する抵抗力と血液型とは何らかの因果関係がある可能性があるがその理由は解明されていない。

次節では、血液型を赤血球のレヴェルで考察する。

第 4 節　　血液型の違いの本質

1950 年代から 1960 年代にかけて、血液型の違いが赤血球表面にはえている糖鎖にあることが判明し、糖鎖の違いが明らかになった。糖鎖は糖の分子がいくつか鎖状につながったものをいう。赤血球細胞膜には特有の糖鎖がぎっしりはえていて、この糖鎖の違いが血液型を決めている。細胞膜を形成している脂質に結合している糖鎖の血液型による違いを次に示す。

グルコース＝□、ガラクトース＝△、アセチルガラクトサミン＝☆、フコース＝○

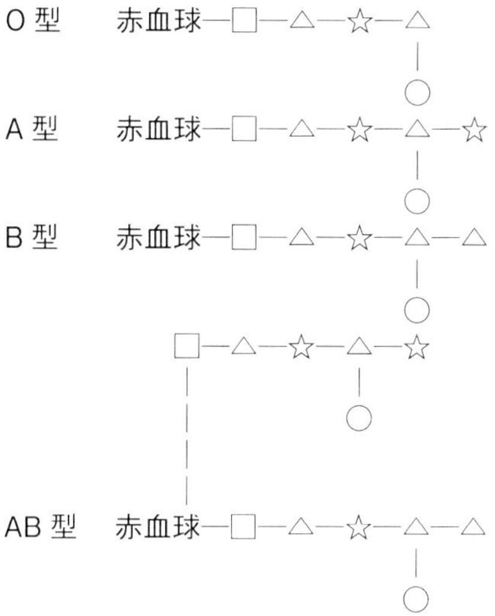

上図からわかるようにO型が基本形で、糖鎖の先につく糖の違いでA型、B型、AB型が決まる。AB型はA型の赤血球とB型の赤血球が混ざっているのではなく、A型とB型の2種類の糖鎖が同一赤血球の表面上に存在するのである。糖鎖の相違と病気への抵抗性及び第1節で述べた性格との関係は現在のところ解明されていない。

第5節　血液型の判定

A型、B型、AB型、O型の4種類の血液型の決定は、現在では抗原抗体反応によって説明できる。前節で説明した赤血球表面にある糖鎖が抗原であり、血清中には凝集素とよばれる抗体（免疫グロブリンといわれるタンパク質の一種）が存在する。

抗原にはA抗原（A型の糖鎖）とB抗原（B型の糖鎖）、抗体には抗体αと抗体βというそれぞれ2種類がある。そしてA型の人はA抗原と抗体βを持ち、B型の人はB抗原と抗体αを持っている。AB型の人はA抗原とB抗原の両方を持つが、抗体は持っていない。O型の人は抗原を持たず、抗体αと抗体βを持っている。抗原抗体反応による赤血球の凝集は、A抗原と抗体αまたはB抗原と抗体βが混ざったときに起こるので、血液型がわからない人の血液に表10のように抗体αと抗体βを含む血清を用いて検査すれば血液型が判定できる。

表10　ABO式血液型の判定

血液型	A型	B型	AB型	O型
抗原（凝集原）	A抗原	B抗原	A抗原とB抗原	なし
抗体（凝集素）	抗体β	抗体α	なし	抗体αと抗体β
抗体α含有血清	＋	－	＋	－
抗体β含有血清	－	＋	＋	－

注）＋：凝集する、－：凝集しない

第6節　抗原抗体反応の例

(1) 予防接種

血液における抗原抗体反応と同様に、動物はウィルスなどの病原体、細菌・寄生虫・カビなどの生物や外界にある有害な物質の体内侵入に対してこれらを抗原とみなし速やかに排除する免疫系が備わっている。

産業革命期、イギリスでは天然痘が都市において間歇的に大流行をみた。天然痘は全身に発疹ができる伝染病で感染力が強く死亡率が高いため昔から非常に恐れられていた。牛痘はウシが感染する天然痘に似た病気で人が感染しても症状は軽く済んでいた。イギリスのジェンナー（1749～1823）は牛痘にかかった人は天然痘にはかからないという話を聞き、牛痘に感染した人のうみを別の人に接種した。すると牛痘を接種された人は、天然痘の人のうみを接種されても発病しなかった。こうしてジェンナーは天然痘を予防する種痘法を 1796 年に発見した。天然痘が発病しなかったのは、天然痘ウィルスが牛痘ウィルスとよく似た構造をしており、共通の特異的な抗体ができ免疫が成立したためである。これを応用して他の病気についてもあらかじめ死んだ病原体や病原性を弱めた病原体を作る。これがワクチンである。ワクチンを接種して、その病気に対して免疫を獲得させておく予防接種が行われるようになった。

イギリスでワクチン法が施行されて誰でも公費でワクチンの接種を受けられるようになるのは 1840 年のことである。それ以前は、中流階級や上流階級が個人的に医者から予防接種を受けていたのであって、1837 ～ 40 年の流行期に、なお毎年 12,000 人が天然痘で死亡していた。こうした事情を背景にして政府はようやく 1840 年の法的施行に踏み切ったわけであるが、それは一応成功を収め、その後は天然痘による死者は年平均 5,000 人に減少した。しかしそれでもなお満足すべき状況ではなかったので、1853 年ワクチン拡張法を公布して、乳児が生後 4 ヵ月以内にワクチン接種を受けることを両親に義務づけたのであった。これが天然痘撲滅に大いに貢献した。1980 年 WHO（World Health Organization）が天然痘絶滅宣言を出した。予防接種には、他に BCG（結核を予防するワクチン）やポリオワクチン（小児麻痺を予防するワクチン）などがある。北里柴三郎（1853 ～ 1931）とドイツのベーリング（1854 ～ 1917：1901 年最初のノーベル医学生理学賞受賞）は、ジフテリア菌をヒツジに注射して免疫反応を起こさせ、そのヒツジの血清をジフテリアにかかった動物に注射すると病気が治ることを 1892 年に発見した。ジフテリアは子供の罹りやすい伝染病で、ジフテリア菌が鼻や喉の奥で増殖して毒素を分泌するため、病状が悪化すると死亡することも多い。この発見からほかの動物に抗体を作らせ、その抗体を含む血清を病気の治療に用いる血清療法が開発された。血清療法は、ジフテリアの治療のほか、毒ヘビにかまれたときの治療などに利用されている。なおジフテリアの予防にはジフテリアワクチンが開発されている。

(2) 体液性免疫と細胞性免疫

免疫には、白血球の仲間であるリンパ球やマクロファージが関係する。体内に侵入した異物はリンパ球のＴ細胞が抗原として認識する。Ｔ細胞はサイトカインとよばれる物質を分泌しＢ細胞という別のリンパ球を刺激する。刺激されたＢ細胞は増殖・分化して抗体をつくり、血液などの体液中に放出する。つくられた抗体はその抗原とのみ特異的に結合する。この抗原と抗体の反応を抗原抗体反応といい、体液中の抗体による免疫を体液性免疫という。

抗体は免疫グロブリンというＹ字型したタンパク質分子である。抗体は４本のポリペプチドからなり、２本はＬ鎖（軽鎖）、他の２本はＨ鎖（重鎖）とよばれる。Ｙ字型に開いた側の先端部は、Ｌ鎖・Ｈ鎖ともにアミノ酸の配列が変化に富んでおり、各抗体で立体構造が異なっている。この部分は可変部といわれる。一方、抗原の表面には、それぞれの抗原に特有の立体構造があり（赤血球の表面の糖鎖の違いを思い出そう）、抗体の可変部の立体構造と合致することで抗原抗体反応がおこる。抗体に２箇所ある可変部が２つの抗原と結合し、これが集まって巨大な複合体となる。これはマクロファージの食作用によって処理される。抗体は何百万種類に及ぶ抗原１つ１つに対応する。この多様な抗体を生成する原理を1977年に解明したのがわが国の利根川進（1937年～）であり、1987年ノーベル生理医学賞を受賞した。

Ｂ細胞が増殖・分化するとき、一部は記憶細胞となって、その後ある期間にわたって残される。そのため、同じ抗原が再度侵入したとき、１度目よりもすばやく強い抗原抗体反応を示す。１度罹った感染症に対しては、免疫を長く持ち続けるのでその性質を用いて人工的に免疫を獲得させようとするものが前述の予防接種、血清療法である。

自分の足の皮膚を手に移植すると、やがて血流が生じてよくつくが、他人の皮膚では拒絶反応がおこり移植した組織が壊れる。これは、Ｔ細胞からの刺激をうけて活性化した別のＴ細胞やマクロファージが移植片を非自己と認識して、直接攻撃を加えるためである。このようにＴ細胞などの細胞が抗原を直接排除する免疫を細胞性免疫という。抗体は細胞に入らないので、ウィルスなどの細胞内に侵入する病原体は抗体の作用を受けにくい。こうしたとき細胞性免疫によって感染細胞を壊して除去する。がん細胞や変性細胞もT細胞やマクロファージによって直接攻撃される。

(3) エイズ（Acquired Immunodeficiency Syndrome：後天性免疫不全症候群）

エイズは、HIV（Human Immunodeficiency Virus：ヒト免疫不全ウィルス）とよばれるウィルスの感染によって免疫機能が失われる病気である。HIVは、免疫機構の中心的な役割を果たしているT細胞の表面にとりついて細胞内に侵入する。細胞内に侵入したHIVは増殖してT細胞を破壊し細胞外に出て別のT細胞に感染する。このようにしてT細胞が次々に破壊されると、免疫機能が正常に働かなくなり、各種の病原体が急速に増殖して普通なら発病しない細菌やウィルス、カビなどによる病気（カリニ肺炎）などにかかりやすくなる。これを日和見感染という。現在では、HIVの増殖過程の解明がかなり進み、エイズの治療薬も販売されているが、HIVの増殖を抑制するものであり、完全に殺す薬剤はいまだに開発されていない。

国連エイズ合同計画とWHOが毎年年末にその年の世界中のエイズ死者とエイズ患者を含むHIV感染者の数を公表している。2005年1年間の死者が310万人、HIV感染者・エイズ患者数の合計は推定4,030万人であり死者・感染者数共に過去最高になっている。この内最も多い地域はサハラ砂漠以南のアフリカで2,380万人～2,890万人と推定されている。東アジア・東南アジアでは450万人～1,100万人と推定されている。日本のHIV感染者・エイズ患者数の合計は11,251人（この内日本国内の外国人の感染者・患者数数は2,877人）（2006年3月26日現在）、1999年から2006年までの死者数の累計は1,388人となっている。

国連エイズ合同計画は、日本に対して緊急にエイズ対策をしないと2010年には5万人に膨らむ恐れがあると警告している。隣国の中国では現在100万人規模の感染者がいると推定されているが、そのほとんどの人は感染に気づいていないといわれている。2010年には中国の感染者は2,000万人になるであろうとWHOは警告している。

現在最も多く見られる感染経路は異性間性交渉である。男女両性の生殖器の粘膜と皮膚にある免疫系細胞が感染源となり、同時にウィルスの標的細胞になる。HIV感染の防御においてコンドームの使用が最も有効なゆえんである。遊離のHIVあるいは感染細胞は、涙、唾液、汗、便、尿、などには含まれない。普段の生活で感染者から感染することはない。キスや風呂からの感染はない。また、HIVに感染してからエイズ（HIV感染によっておこる様々な病気をまとめてエイズという）になるまでは約10年の開きがあるので、HIVとエイズの言葉を使い分ける必要があろう。つまりエイズ感染という言葉使いは誤りということになる。

1980年にWHOが天然痘絶滅宣言を出した翌年の1981年にエイズ患者がアメリカで報告されたことは皮肉なことではある。HIVがどのようにして自然界から出現し、人類史上でも最大級の破壊的な感染症を生み出したのかは大きな謎である。イギリスのノッティンガ大学教授のポール．M.シャープ教授の説を紹介する。教授によれば2つの経路があるという。つまり最初、人に入り変種したHIVには、HIV−1とHIV−2があるというものである。どちらもアフリカのカメルーン南部のチンパンジーがHIVの人への感染ルートであるという。1つはシロエリマンガベイというサルが持つサル免疫不全ウィルスとオオハナジログエノンというサルがもつサル免疫不全ウィルスがこれら2種のサルを食べたチンパンジーの体内で混種してHIV−1の原型であるサル免疫不全ウィルス（SIV）が形成された。このチンパンジーを食べた人の体内でHIV−1に変異したというものである。もう1つのルートは、スーティーマンガベイというサルがもつサル免疫不全ウィルスがこのサルを食べたチンパンジーの体内で変異し、HIV−2の原型であるサル免疫不全ウィルス（SIV）が形成され、このチンパンジーを食べた人の体内でHIV−2に変異したというものである。しかしHIVの起源には諸説あり、今のところ確定はしていない。

わが国で最も問題となったのは、血友病の患者が汚染された血液凝固因子製剤を使用したためにHIVに感染したことである。厚生省が、1981年以降のアメリカにおけるエイズの発症や血液の危険性を早い段階から認識していたにもかかわらず適切な手段を講じなかったために感染を広げたのである。

メンデルのいうエレメントや血液型の元である赤血球の糖鎖の形を決める要素などを現在では遺伝子という。ではこの遺伝子はいったい体のどこにあるのだろうか。次章ではこの謎について追求する。

第2章　遺伝子の本体

第1節　DNAの発見者

メンデルが遺伝の法則を発見したころ、スイスのミーシャー（1844～1895）は、細胞の核と細胞質に含有されるタンパク質の違いを研究していた。この過程で1864年にミーシャーは核にはタンパク質の他にそれとは異なる物質が多量に含まれていることを発見した。彼はこの物質をヌクレインと名づけた。その物質は現在、DNA（デオキシリボ核酸、deoxyribonucleic acid）と呼ばれる物質である。その後、DNAについてつぎのことが明らかになった。

（1）DNAのほとんどは核中に含有される。

（2）体細胞の核1個に含有されるDNA量は生物の種類により一定であり体内の細胞の種類により異ならない。

（3）減数分裂によってできる精子や卵などの生殖細胞では、DNAは体細胞の半分になる。

表11　細胞の核1個に含有されるDNA量

	体細胞（2n）						配偶子（n）
細胞の種類	赤血球	肝臓	腎臓	脾臓	心臓	膵臓	精子
DNA量（$\times 10^{-12}$g）	2.58	2.65	2.28	2.63	2.54	2.70	1.26

ミーシャーによるDNA発見とメンデルの遺伝の法則の発見は共に1860年代になされた。しかし化学物質としてのDNAと遺伝の研究は独立に進められた。19世紀には2つの研究が結びつくことはなかった。タンパク質は比較的早くから研究され、その複雑な構造や様々な機能が明らかにされていった。そのため、遺伝子の本体はタンパク質であるとの考え方が優性であった。しかし次節で述べる、グリフィスとアベリー、ハーシーとチェイスの実験等によって遺伝子の本体がDNAであることが明らかになっていく。

第2節　グリフィスとアベリーらの実験

イギリスのグリフィス（1877～1941）は、ネズミに肺炎双球菌を注射して病原性を調べる研究を行っているとき重要な発見をした。肺炎双球菌にはS型菌とR型菌という2つのタイプがある。このうち肺炎を引き起こす病原性をもつものは外側に皮膜のあるS型菌のみである。細胞分裂によって増えるとき、S型菌からはS型菌のみが生じ、R型菌からはR型菌のみが生じる。グリフィスは病原性をもつS型菌を加熱殺菌してネズミに注射すると、ネズミは発病しなかった。しかし1928年、同じ加熱殺菌したS型菌を生きているR型菌と混ぜて注射したところ、発病して死ぬネズミがみられた。しかもその死体からは生きたS型菌が発見された。この結果は、死んだS型菌の働きで、R型菌がS型菌へ形質転換したことを示している。形質転換とは、細胞に別の種や系統の細胞の遺伝子が入ることにより、その細胞の形質が変わることをいう。グリフィスの実験以後、ネズミに注射しなくても、生きたR型菌と死んだS型菌を混ぜて培養するだけで形質転換が起こることがわかったが形質転換を起こす物質が何かはわからなかった。このころは多くの人々がまだ形質転換を起こす遺伝子の本体は、タンパク質であろうと考えていた時期であった。

◎S型菌→注射→ネズミ肺炎

○R型菌→注射→ネズミ無事

◎加熱殺菌S型菌→注射→ネズミ無事

◎加熱殺菌S型菌と○R型菌の混合物→注射→ネズミ肺炎

1944年、アメリカのアベリー（1877～1955）らは、形質転換を起こさせる物質を決定するため、肺炎双球菌を用いて次のような実験を行った。

①S型菌をすりつぶして得た細胞の成分をタンパク質分解酵素で処理したときには、無処理のときと同様にR型菌のS型菌への形質転換が起こった。いったんS型菌に形質転換した菌はいくら増殖させてもS型菌の性質を維持し続けた。

②S型菌をすりつぶして得た細胞の成分をDNA分解酵素で処理したときには形質転換が起こらないことを発見した。

アベリーらの実験結果は、遺伝子の本体がDNAであることを強く示唆していた。しかし彼らの実験の後も、DNAに微量に混在するタンパク質が遺伝子の働きをするのではないかという疑いが残った。そこでハーシーとチェイスは巧妙な実験を行いこの問題に決着をつけた。

第3節　ハーシーとチェイスの実験

アメリカのハーシー（1908～1997）とチェイス（1927～2003）は、1952年バクテリオファージと呼ばれるウイルスの一種のT_2ファージを用いて実験を行った。T_2ファージは大腸菌に寄生し、頭部の外殻や尾部などを構成するタンパク質と頭部に含有されるDNAからできている。ハーシーとチェイスはT_2ファージを大腸菌に感染させ、2～3分後にミキサー中で激しく撹拌してファージの外殻を大腸菌からはずした。この液を遠心分離して大腸菌を沈殿させたところファージのタンパク質はほとんど上澄み液にあったが、ファージのDNAは沈殿物中に検出された。しかもこれらの大腸菌からは、20～30分後に多数の子ファージが出てきた。このことはファージを大腸菌に感染させたとき、ファージのタンパク質は菌体内に入らなかったが、DNAは菌体内に入って遺伝子として働き、多数の子ファージを作ったことを示している。つまりファージのDNAに外殻や尾

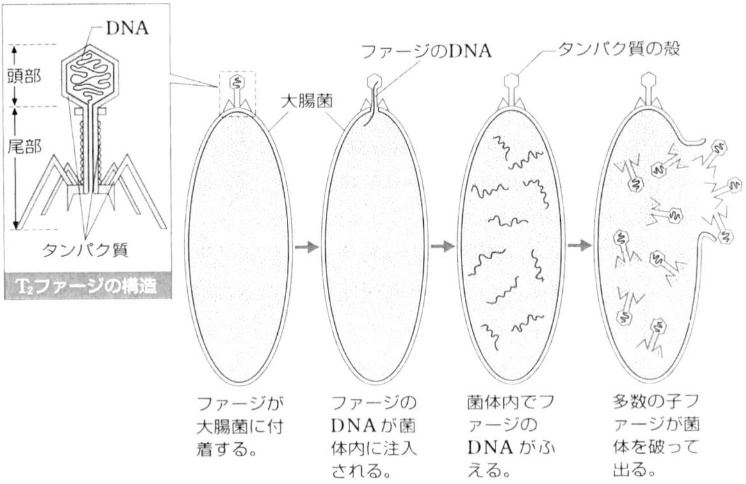

図1　T_2ファージの増殖

『高等学校生物Ⅰ』（第一学習社）p.139，2002年検定済教科書

部のタンパク質を作る遺伝子があることを示している。

第4節　DNAの構造

DNAに関して、1950年アメリカのシャルガフ（1905～2002）がペーパークロマトグラフィをもちいてDNA中の塩基であるA（アデニン）とT（チミン）、G（グアニン）とC（シトシン）の分子数が等しいことを示した。これをシャルガフの規則という。さらに1953年、イギリスのウィルキンス（1916～2004）とロザリンド・フランクリン（1920～1958）によりX線構造解析によりDNAが2重らせんであることが示唆された。これらに基づいて1953年にアメリカのジェームズ・ワトソン（1928～）とイギリスのフランシス・クリック（1916～2004）は共同でDNAは糖とリン酸の繰り返しでできた2本の鎖が平行に並んで弱く結合し、それがねじれてらせん状になった構造をしており、その内側ではAとT、GとCが対になって結合し塩基対を作っているという２重らせん構造を提唱した。

ワトソンとクリックのDNAモデルを構成する糖・リン酸・塩基の３つからなる単位を現在ではヌクレオチドとよぶ。DNAはヌクレオチドが長く連なったポリヌクレオチドである。

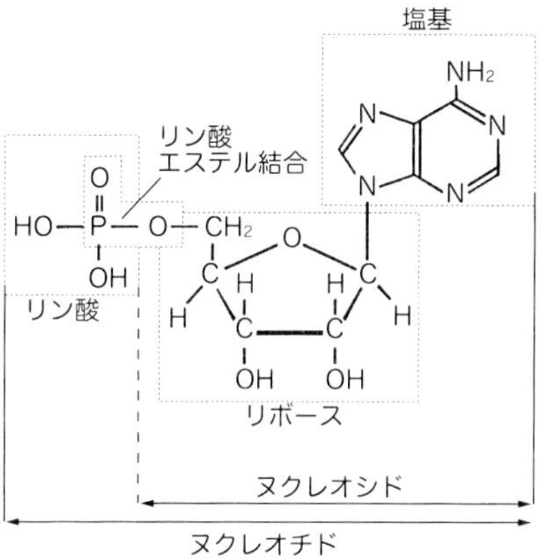

図２　RNAヌクレオチドの構造

ところで乳酸菌・大腸菌などの細菌類、およびユレモ、ネンジュモなどのラン藻類の細胞には内部には染色体があるがこれを取り囲む核膜はみられない。このような細胞を原核細胞とよび、原核細胞からなる生物を原核生物という。染色体が核膜に包まれた核をもつ細胞を真核細胞とよび、真核細胞からなる生物を真核生物という。細菌類とらん藻類以外の生物はすべて真核生物である。

真核細胞でも原核細胞でも次に示すように２重らせんDNAはさらに何重ものらせんを形成し、圧縮された状態で存在する（図７）。しかしこれらの２種類の細胞の間には、DNAの存在状態にいくつかのちがいがあることが明らかにされている。

(ア) 真核細胞では、DNA の存在する場所は核膜で仕切られているが、原核細胞の DNA の存在場所には仕切りとしての核膜がない。

(イ) 真核細胞の DNA には何本かあるが、原核細胞の DNA は 1 つながりで端と端とがつながった環状構造をしている。

(ウ) 真核細胞の DNA はヒストンとよばれるタンパク質と結合し、染色体として存在する。しかし原核細胞の DNA はほぼ裸の状態で存在する。

(エ) 真核細胞の染色体は普段は核内に分散しているが、細胞分裂のときには圧縮されて、光学顕微鏡で観察できる太く短い構造になる。例えば人の 46 本の染色体のうち第 1 染色体の長さは 10μm（1μm=10^{-6}m）だが、その中には長さ数 cm の 2 重らせん DNA がヒストンと共に圧縮されておさめられている。現在では後述の DNA の複製や転写は、このような圧縮された構造を少しずつゆるめながら行われることがわかっている（図 7）。

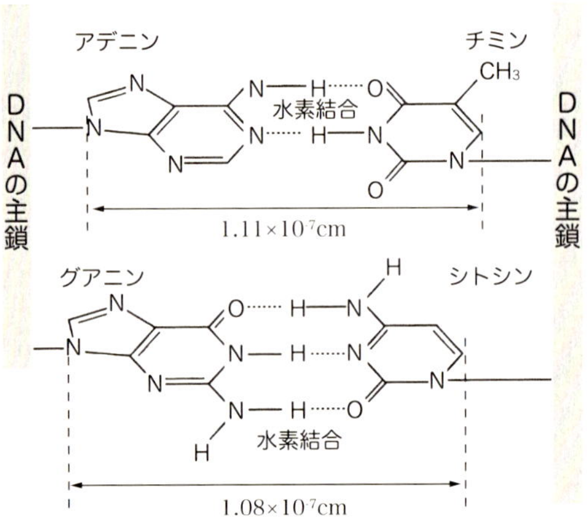

図 3　核酸塩基間の水素結合

『高等学校化学Ⅱ』（新興出版社啓林館）p.217，2003 年検定済教科書

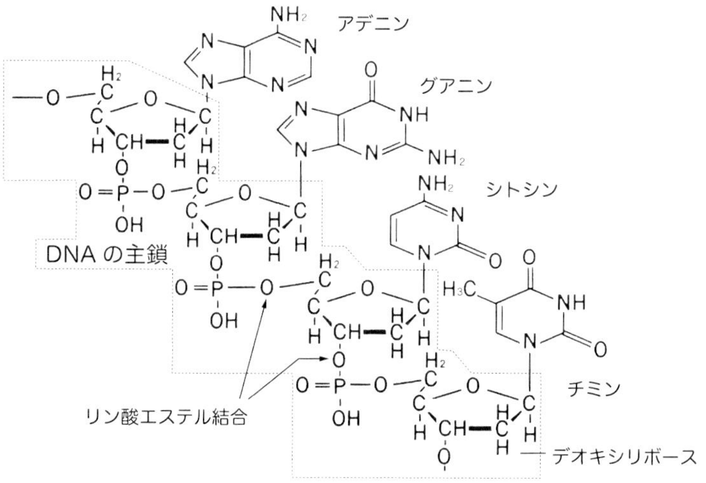

図 4 DNA の高分子鎖の構造

『高等学校化学 II』（新興出版社啓林館）p.217，2003 年検定済教科書

第 5 節　DNA の複製

DNA が複製されるときは、まず 2 本のポリヌクレオチド鎖をつないでいる塩基対どうしの弱い結合が切れて、2 重らせんがほどける。次に、分かれた各ポリヌクレオチド鎖の塩基配列をもとにして、A に対しては T、G に対しては C と相補的な塩基を持もつヌクレオチドが並ぶ。すると隣り合ったヌクレオチドが DNA 合成酵素の働きで次々に結合し、新しいポリヌクレオチド鎖ができる。つまり古いポリヌクレオチド鎖は、新しいポリヌクレオチド鎖の鋳型となる。具体的には、親 DNA の一方のポリヌクレオチド鎖の塩基配列が T — A — G — C —のとき、それを鋳型として作られる新しいポリヌクレオチド鎖の塩基配列は、親 DNA の一方のポリヌクレオチド鎖と同じ A — T — C — G —となる。また、親 DNA のもう一方のポリヌクレオチド鎖も同様に合成され、その結果親と同じ塩基配列の娘 DNA が 2 組できる。

このように、2組の娘DNAには、それぞれ親DNAの2本のポリヌクレオチド鎖の1本だけが受け継がれ、もう1本のポリヌクレオチド鎖は新たに作られる。このような複製の仕方を半保存的複製という。DNAの複製には、親DNAの2重らせんをほどく酵素やヌクレオチドどうしを結合させる酵素など、多くの酵素が働いている。

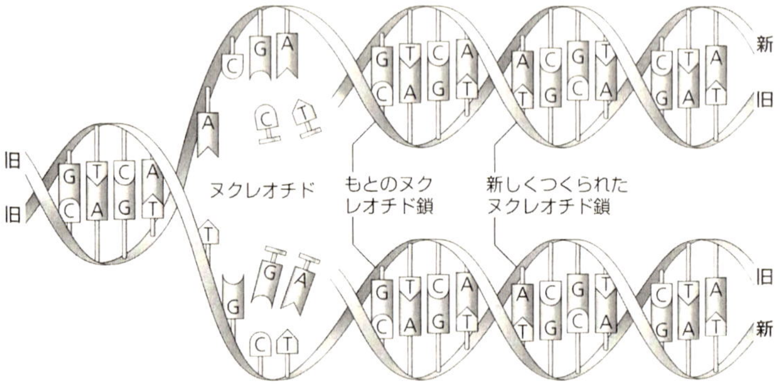

図5　DNAの複製

『生物Ⅱ』(東京書籍) p.55, 2003年検定済教科書

第6節　メセルソンとスタールの実験

アメリカのメセルソン(1930～)とスタール(1929～)は、大腸菌が糖の他に窒素源として塩化アンモニウム NH_4Cl を培地として与えるだけで培養できることに着目し、1958年に次のような実験を行い、DNAの複製が半保存的に行われること証明した。

①窒素源として $^{15}NH_4Cl$ のみを含む培地で何世代にもわたって大腸菌を

増殖させると、DNAは窒素として^{15}Nだけを含有するようになる。

②この大腸菌を、窒素源として$^{14}NH_4Cl$だけを含有する培地に移して培養すると、大腸菌がDNAを複製する際に^{14}Nを取り込む。

③ $^{14}NH_4Cl$だけを含む培地で増殖中の大腸菌から時間を追ってDNAを取り出し、その密度を遠心管内にできる密度勾配を利用して調べる。

DNAが半保存的に複製されるならば、1回目の分裂後、親DNAの2本の^{15}Nのみを含むポリヌクレオチド鎖は、娘DNAに1本ずつ渡され、娘DNAは^{14}Nと^{15}Nの中間の密度になるはずである。また2回目の分裂後には中間の密度のDNAと^{14}Nだけを含有する低密度のDNAとが半分ずつ存在すると予想される。さらに分裂を繰り返すとそのたびに低密度のDNAが増え、中間の密度のDNAが占める割合は低下していくと考えられる。DNAの密度に関するこのような予測が実験的に確かめられ、半保存的複製が正しいことが証明された。

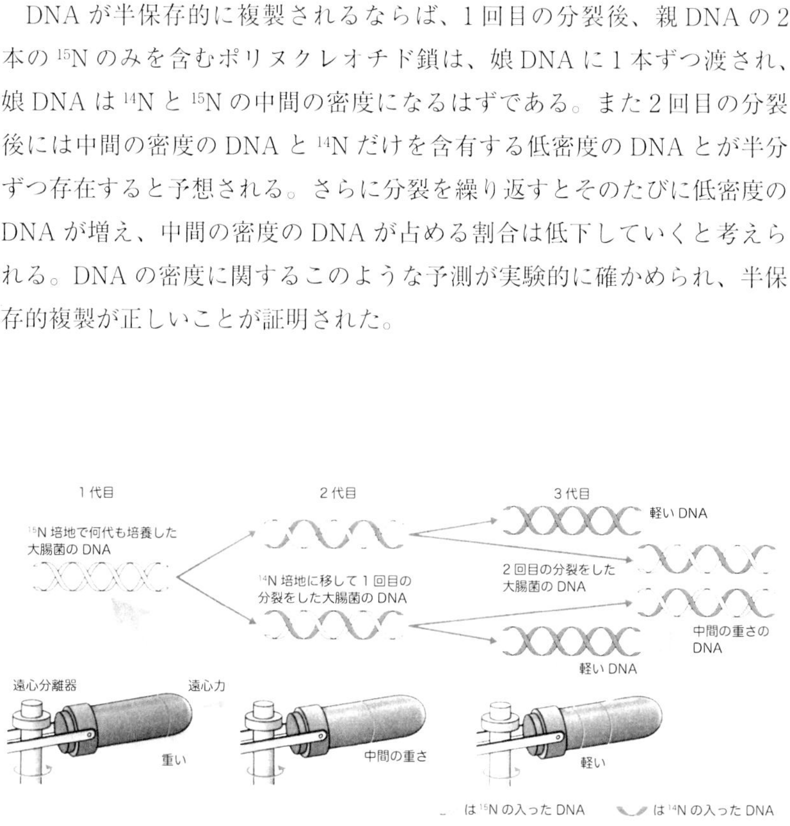

図6　メセルソンとスタールの実験

『生物Ⅱ』（大日本図書）p.42，2003年検定済教科書

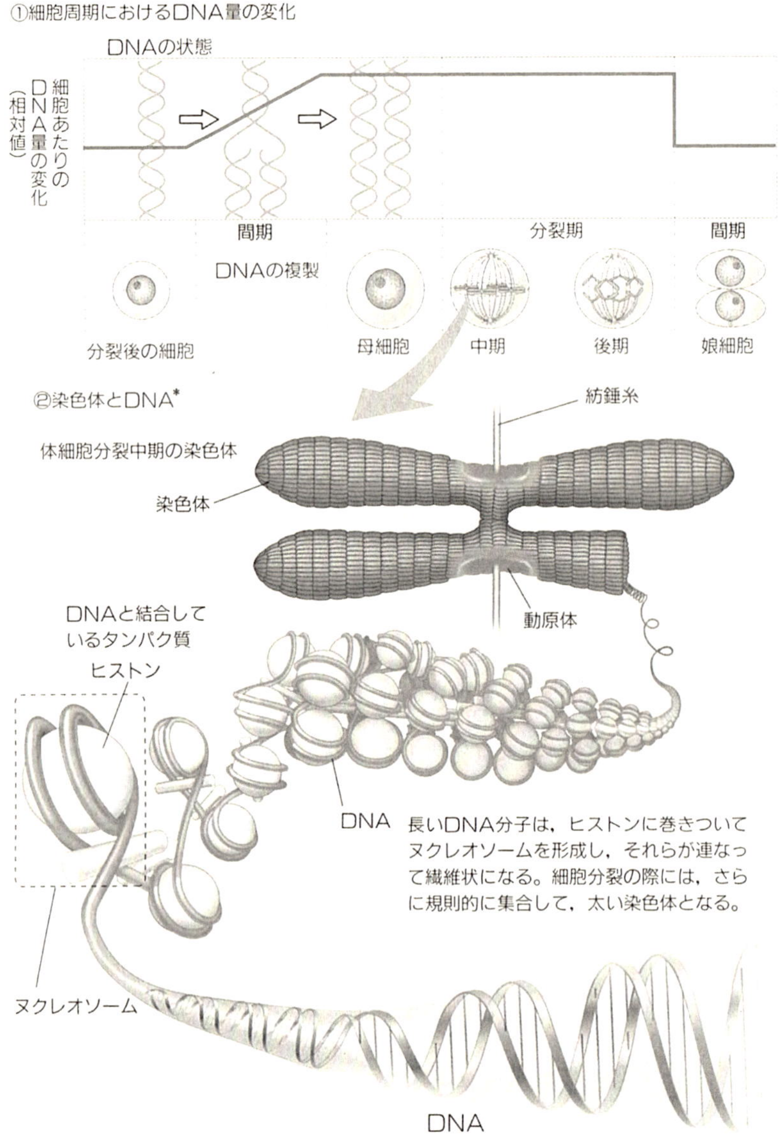

図 7　細胞周期における DNA 量の変化及び染色体と DNA の関係

『高等学校生物Ⅱ』（新興出版社啓林館）p.74，2004 年検定済教科書

第7節　DNAの遺伝情報　—転写過程

生物の形質は生物を構成するタンパク質と生物体内の化学反応を触媒する酵素タンパク質などによって発現される。このような生体物質としてのタンパク質はDNAの遺伝情報によって合成される。じつは遺伝情報はDNA分子の塩基配列に組み込まれているのである。

真核生物では染色体つまりDNAは核に含有されるが、タンパク質の合成は細胞質中のリボソームとよばれる、細胞小器官で行われる。よってDNAの遺伝情報を転写し、これをタンパク質合成の場であるリボソームに伝える仕組みが必要となる。これは核酸の一種であるリボ核酸RNAによって行われる。RNAはDNAと同じようにヌクレオチドが鎖状につながった高分子化合物である。RNAの糖はリボースであり、塩基にはチミン（T）がなくてウラシル（U）がある。またDNAは2本のポリヌクレオチド鎖からできているが、RNAは1本のポリヌクレオチド鎖である。RNAには3種類があるが、遺伝情報の転写にかかわるものは伝令RNA（mRNA）である（他の2種類のRNAは第2章第9節参照）。

真核生物ではDNAの遺伝情報は核内でmRNAに転写される。このときDNAの塩基対が次々に切れ、2本のポリヌクレオチド鎖になる。そのうちの一方のポリヌクレオチド鎖にRNAのヌクレオチドが結合する。このとき塩基どうしは、AにはU、TにはA、GにはC、CにはGが相補

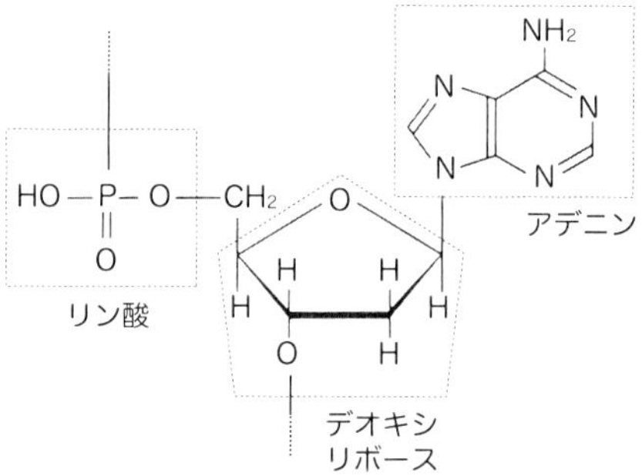

図8　DNAヌクレオチドの構造

的に結合する。DNAの塩基配列にしたがって次々と並んだRNAのヌクレオチドはRNAポリメラーゼ（RNA合成酵素）の働きでつながり、1本のRNAとなる。例として鋳型となるDNAのヌクレオチド鎖の塩基配列がTGCCATであれば、転写したRNAの塩基配列はACGGUAとなる。

真核生物では転写されたRNAには遺伝子としてタンパク質合成に関与するエキソンとよばれる塩基配列と関与しないイントロンとよばれる塩基配列が含有される。このためmRNAは転写されたRNAからイントロンが取り除かれ作られる。この過程をスプライシングという。人のDNAには3～4万の遺伝子が存在し、エキソンは遺伝子全体の3～5%にすぎない。原核生物のDNAにはイントロンが見られず、スプライシングは起こらない。

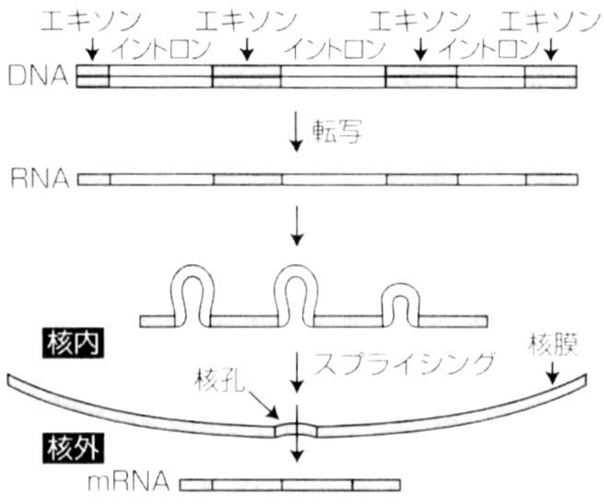

図9　スプライシング

井上尚之他著『科学技術の歩み』（建帛社）p.25, 2003年

第8節　アミノ酸の決定

DNAは、相補的塩基対の関係によって向かい合って結合する塩基には制約があるが、1本の鎖の中では塩基配列に制約がなくどのような配列も

可能である。したがってDNAの塩基配列がタンパク質のアミノ酸配列を決めていると考えられる。生体を構成するアミノ酸の種類は20種類である。DNAの塩基1つが1つのアミノ酸を決めると仮定すると、塩基は4種類しかないので4種類のアミノ酸しか指定できず、20種類のアミノ酸を指定することは不可能である。隣接する塩基2種類で1種類のアミノ酸を決める仮定すると、4 × 4=16種類のアミノ酸しか指定できない。やはり20種類のアミノ酸を指定することは不可能である。隣接する塩基3種類で1種類のアミノ酸を決めると仮定すると、4 × 4 × 4=64種類のアミノ酸を指定でき、十分に20種類のアミノ酸を決めることができる。したがって塩基の3つのまとまりが1つのアミノ酸を決めると考えられ、この塩基3つのまとまりをトリプレットという。この考えを最初に提唱したのは、ビッグバンや元素の起源について先駆的業績をあげ、名著『不思議の国のトムキンズ』(1939) を著したアメリカの物理学者ガモフ (1904 ~ 1968) であり、1955年であった。DNAの塩基配列を一見しただけではどのアミノ酸が指定されているかわからないのでアミノ酸配列は暗号のように示されているといえる。そこで塩基配列にアミノ酸を指定するための暗号を遺伝暗号とよび、トリプレットによって伝えられる遺伝暗号の単位をコドンという。64種類のコドンがあるので複数のコドンが1つのアミノ酸を決定することになる。

第9節　DNAの遺伝情報　—翻訳過程

遺伝子の発現の最終段階では、塩基配列がアミノ酸の並び方に変えられる。この過程は、外国語の翻訳に似ていることから翻訳とよばれる。

伝令RNAは核内から細胞質に出た後リボソームに結合する。リボソームはリボソームRNA (rRNA) とタンパク質から構成され、伝令RNAの情報を解読し、タンパク質を合成する場である。そこに運搬RNA (tRNA) が特定のアミノ酸を運んでくる。

運搬RNAには、伝令RNAと結合する塩基配列を持つ部分とその塩基配列に対応するアミノ酸と結合する部分を持つ。どの運搬RNAも3つの連続したヌクレオチドからなるアンチコドンとよばれる塩基配列を持つ。ある1つのアミノ酸を運ぶ運搬RNAアンチコドンは、伝令RNA中にあるそのアミノ酸を意味するコドンと相補的な塩基配列を持ち、伝令RNAのコドンと相補的に結合する。アンチコドンがこのような性質を持つので、それぞれの運搬RNAはコドンの意味するとおりのアミノ酸をリボソームに運ぶことができる。運搬RNAは何度でも同じ種類のアミノ酸を運ぶことができる。

翻訳で最初に起こることは伝令RNAとリボソームの結合である。リボソームは伝令RNA上をコドン1つ分ずつ移動していき、その度に運搬RNAがコドンの意味どおりのアミノ酸を運んでくる。運ばれてきたアミノ酸は、リボソームの働きによってペプチド結合で互いにつながれる。このためリボソームの移動と共にペプチド鎖は次第に伸びていくことになる。

翻訳は伝令RNAにリボソームが結合しただけでは始まらない。リボソームが伝令RNA上を動き、翻訳を開始させる意味を持つ開始コドンを見つけることによって始まる。つまり、伝令RNAの一方の端に最も近い位置にある開始コドンAUGが区切りとなり、塩基配列の区切りが決めら

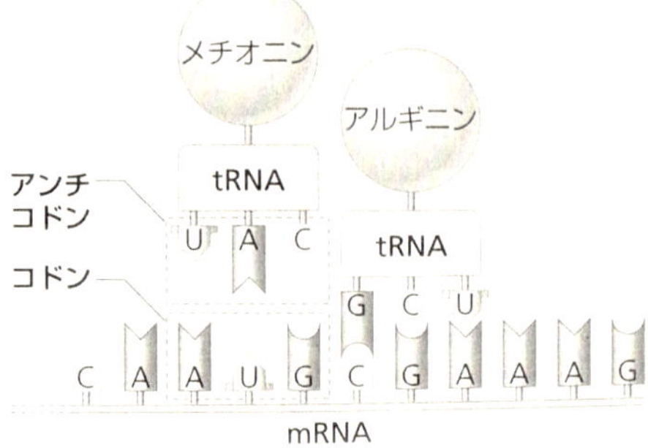

図10　運搬RNA（tRNA）と伝令RNA（mRNA）の関係

『生物Ⅱ』（東京書籍）p.61，2003年検定済教科書

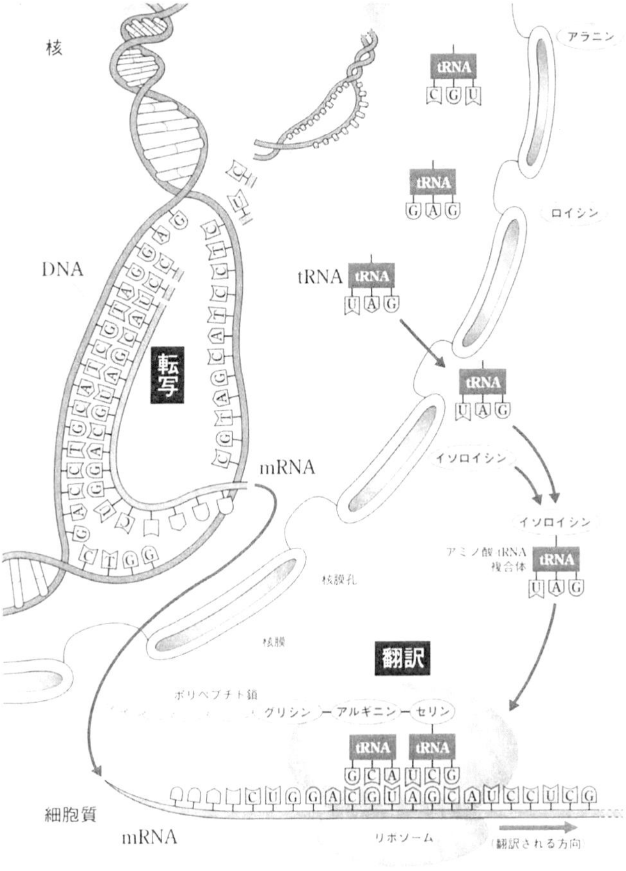

図 11　タンパク質合成過程

『高等学校生物Ⅱ』（三省堂）p.92，2004 年検定済教科書

れていく。また翻訳は、ポリペプチド鎖が適当な長さになれば終了するわけではない。コドンには３種類 UAA、UAG、UGA だけ、対応するアミノ酸がない。リボソームがこれらのコドンと出会うと、翻訳はその１つ手前のコドンで終了し、ポリペプチド鎖とリボソームが伝令 RNA から脱離する。ポリペプチド鎖はアミノ酸配列に応じて折りたたまれ、特有の立体構造をもつタンパク質になる。

表12　伝令 RNA（mRNA）の遺伝暗号表

1番目の塩基↓	2番目の塩基→ U	C	A	G	3番目の塩基↓
U	UUU Phe	UCU Ser	UAU Tyr	UGU Cys	U
	UUC Phe	UCC Ser	UAC Tyr	UGC Cys	C
	UUA Leu	UCA Ser	UAA 終止	UGA 終止	A
	UUG Leu	UCG Ser	UAG 終止	UGG Try	G
C	CUU Leu	CCU Pro	CAU His	CGU Arg	U
	CUC Leu	CCC Pro	CAC His	CGC Arg	C
	CUA Leu	CCA Pro	CAA Gln	CGA Arg	A
	CUG Leu	CCG Pro	CAG Gln	CGG Arg	G
A	AUU Ile	ACU Thr	AAU Asn	AGU Ser	U
	AUC Ile	ACC Thr	AAC Asn	AGC Ser	C
	AUA Ile	ACA Thr	AAA Lys	AGA Arg	A
	AUG Met 又は開始	ACG Thr	AAG Lys	AGG Arg	G
G	GUU Val	GCU Ala	GAU Asp	GGU Gly	U
	GUC Val	GCC Ala	GAC Asp	GGC Gly	C
	GUA Val	GCA Ala	GAA Glu	GGA Gly	A
	GUG Val	GCG Ala	GAG Glu	GGG Gly	G

注1)：Phe= フェニルアラニン、Leu= ロイシン、Ser= セリン、Tyr= チロシン、Cys= システイン、Try= トリプトファン、Pro= プロリン、His= ヒスチジン、Gln= グルタミン、Arg= アルギニン、Ile= イソロイシン、Met= メチオニン、Thr= トレオニン、Asn= アスパラギン、Lys= リシン、Val= バリン、Ala= アラニン、Asp= アスパラギン酸、Glu= グルタミン酸、Gly= グリシン

注2)　アスパラギン（Asn）とグルタミン（Gln）は、アスパラギン酸（Asp）とグルタミン酸（GLU）の α 炭素に結合していない COOH が $CONH_2$ になったもの。

第10節　遺伝暗号表はいかに決定されたか

アメリカのニーレンバーグ（1927～）らは、1961年人工的に合成した mRNA を用いてタンパク質を合成させ、コドンに対応するアミノ酸の種類を調べた。大腸菌をすりつぶしてリボソーム・各種の酵素・アミノ酸などのタンパク質合成に必要な構造体や物質を含む液を作り、塩基としてウラシルだけを持つ mRNA（UUUUU…）を加えたところ、アミノ酸のフェニルアラニンというアミノ酸が多数結合したポリペプチドが合成された。

このことから、UUUコドンはフェニルアラニンを指定する遺伝暗号であることがわかった。

1963年、コラーナ（1922～）らはニーレンバーグらの溶液にACACACAC…を持つmRNAを加えたところ、トレオニンとヒスチジンが交互に並ぶポリペプチドが得られた。—①

実験①はACA、CACのコドンのいずれかがトレオニンとヒスチジンであることを示している。

次にCAAの連続したCAACAACAACAA…を持つmRNAを加えたところグルタミンのみ、アスパラギンのみ、トレオニンのみの3種類のポリペプチドが得られた。—②

実験②は、CAA、AAC、ACAのいずれかがトレオニンであることを示している。

実験①と実験②の結果から共通コドンのACAがトレオニンを指定するコドンである。よって実験①より、CACがヒスチジンを指定するコドンである。

その後、人工的に合成したいろいろな種類のmRNAを用いて研究が行われ、64種類のコドンが全て解明されていったのである。

以上見てきたようにDNAの研究は2重らせんで代表される構造の研究と遺伝情報の解読に代表される情報の研究の2本立てで進んできた。情報の研究で特筆されることは、大腸菌とファージの研究から、DNA→RNA→タンパク質（ポリペプチド）という流れが確立したことである。すなわちある遺伝子が働くときには、そのDNAの塩基配列に従って伝令RNAが作られさらに伝令RNAの塩基配列に従ってタンパク質が作られるという構図が完成したのである。タンパク質からDNAへ戻ることはない。この遺伝情報の流れが生物に共通する形質発現の原則であり、セントラルドグマとよばれている。しかし現在では、RNAの塩基配列が鋳型となってDNAを作る、つまり逆転写を行うウイルスの存在が知られている。

次節では、遺伝子からタンパク質に至る情報の流れを明らかにしたいくつかの実験を紹介する。

第 11 節　遺伝子と酵素

アメリカのビードル（1903 ～ 1989）とテータム（1909 ～ 1975）はアカパンカビにX線を照射し、いくつもの突然変異株を生じさせた。これらの突然変異株には、野生種が生育するために必要な最小限の成分を含む培地（最小培地）では育たないが、アミノ酸の一種であるアルギニンを加えると生育するアルギニン要求株に次の３種類の型があることを発見した。

Ⅰ型…最小培地にアルギニン、シトルリン、オルニチンのいずれか１つを加えれば育つ。

Ⅱ型…最小培地にオルニチンを加えても生育しないが、シトルリン又はアルギニンを加えれば育つ。

Ⅲ型…最小培地にオルニチンやシトルリンを加えても生育しないが、アルギニンを加えれば育つ。

ビードルとテータムは、この結果を次のように考えた。

①Ⅰ型は前駆物質をオルニチンに変える酵素Aが異常又はないので、酵素Aを作らせる遺伝子aが異常又はない。

②Ⅱ型はオルニチンをシトルリンに変える酵素Bが異常又はないので、酵素Bを作らせる遺伝子bが異常又はない。

③Ⅲ型はシトルリンをアルギニンに変える酵素Cが異常又はないので、酵素Cを作らせる遺伝子cが異常又はない。

表 13　ビードルとテータムの実験結果

最小培地に加えたアミノ酸	なし	オルニチン	シトルリン	アルギニン	存在する酵素	正常遺伝子
野生株	生	生	生	生	ABC	abc
Ⅰ型	死	生	生	生	BC	bc
Ⅱ型	死	死	生	生	A　C	a　c
Ⅲ型	死	死	死	生	AB	ab

前駆物質 →→ オルニチン →→ シトルリン →→ アルギニン
↑ 酵素A ↑ 遺伝子a　↑ 酵素B ↑ 遺伝子b　↑ 酵素C ↑ 遺伝子c

以上の結果より1945年、ビードルとテータムは1つの遺伝子が1つの酵素の合成を支配すると考え、一遺伝子一酵素説を提唱した。一遺伝子一酵素説があてはまる例として次のような病気がある。

タンパク質
↓
フェニルアラニン…フェニルケトン
①遺伝子a→酵素A→↓
メラニン←チロシン→チロキシン（甲状腺ホルモン
②遺伝子b→酵素B→（メラニンへ）　←酵素C←遺伝子c③（チロキシンへ）
↓
アルカプトン（ホモゲンチジン酸）
④遺伝子d→酵素D→↓
CO_2、H_2O

①フェニルケトン尿症…遺伝子aを欠くために酵素Aが合成されず、血液中にフェニルアラニンが蓄積する。これがフェニルケトンとなって尿中に排出される。発育不全などの障害が現れる。

②白子症（白化個体、アルビノ）…遺伝子bを欠き、酵素Bが形成されない。このため黒色色素であるメラニンが作られず毛や皮膚が白くなる。目の虹彩は毛細血管の血液で赤く見える。

③**クレチン病**…遺伝子 c を欠き、酵素 C が形成されない。このためチロキシンが合成されず、基礎代謝の低下や神経系の発育不全などの障害が現れる。（クレチン病は他の原因でも起こる。）

④**アルカプトン尿症（黒尿病）**…遺伝子 d を欠き、酵素 D が形成されない。このため血液中にアルカプトンが蓄積して尿中に排出される。アルカプトンは空気に触れて黒色に変わるので、黒尿症ともよばれる。

しかし現在では遺伝子は酵素に限らず様々な種類のタンパク質を作ることが明らかにされている。例えば血漿タンパク質であるアルブミンやグロブリン、赤血球のヘモグロビン、筋肉の収縮に関与するアクチン、ホルモンやその受容体などがあり多様である。また一遺伝子からいくつかの異なるタンパク質が作られる例もある。このように現在では一遺伝子一酵素説は例外であることがわかっている。しかしこの考えは遺伝子からタンパク質に至る情報の流れを明らかにする上で非常に有用であった。

第 12 節　遺伝子の変化と形質への影響

DNA は比較的安定な物質であり、その塩基配列はほとんど変化することなく細胞の中で保たれる。細胞分裂の前には DNA は正確に複製され、細胞分裂で生じた娘細胞には母細胞と同じものが引き継がれていく。しかし、遺伝子は変化することもある。変化した遺伝子を生殖細胞が持ち、生じた個体には異常な形質が生じることもある。この例として、鎌形赤血球貧血症がある。赤血球は健常者では円盤状であるが、鎌状赤血球貧血症の人では、低酸素状態になると鎌状に変化し溶血し、貧血症状になる。鎌状赤血球貧血症の人のヘモグロビンを調べた結果、β 鎖を構成する 146 個のアミノ酸のうち 6 番目のアミノ酸がグルタミン酸ではなくバリンに変化していることが判明した。つまり DNA の塩基配列の CTC（伝令 RNA の塩基配列では GAG）が CAC（伝令 RNA の塩基配列では GUG）となっていたのである。つまり DNA 塩基配列の 1 箇所の T が A に入れ替わっていたのであった。鎌状赤血球貧血症がヘモグロビン分子の異常であることを最初に指摘したのは、化学結合論や電気陰性度の定義で有名な反戦化学者ライナス・ポーリング（1901 ～ 1994）であり、かれは鎌状赤血球貧血症を 1949 年に分子病と名付けた。現在では DNA の塩基配列の変異に基づくタンパク質の一次構造の変異による遺伝性疾患を分子病とよぶ。

ところで遺伝子が変化し、その変化した遺伝子が発現されることがある。この典型例がガンである。ガンは制御が効かなくなった組織の細胞が無秩序に増殖し他の細胞の領域に侵入してそこを占領する病気である。ガン発生のメカニズムは次のように考えられている。人には細胞増殖に関係する多くの遺伝子が存在する。これらの遺伝子は人が生きていくうえで必要なものあるが、そのなかにガンを生じさせるもとになる遺伝子があり、ガン原遺伝子といわれる。これらのガン原遺伝子は、化学物質や放射線など様々な要因によりガン遺伝子に変化し、増殖促進性タンパク質を合成して細胞分裂を促進するようになる。一方、人にはガン抑制遺伝子とよばれる遺伝子があり、過剰な細胞分裂を抑制している。この両方の遺伝子に異常が起こると細胞は盛んに分裂してガンを生じるようになる。このようにガンは 1 つの遺伝子の変化によるものではなく、1 個の細胞に含まれるいろいろな遺伝子に変化が生じ、これが蓄積することによって発症することになる。

表 14　発ガン要因と遺伝子の変化

遺伝子	発ガン要因 化学物質、放射線など	突然変異の種類	ガンの発症
ガン抑制遺伝子	加わる	不活性化	ポリープの形成
ガン原遺伝子	加わる	活性化	悪性度の増加
DNA 修復遺伝子	加わる	不活性化	突然変異率の増大
細胞接着に関与する遺伝子	加わる	不活性化	浸潤・転移

第 13 節　ヒトゲノム計画

図 7 に示されているように DNA は染色体にある。人間の染色体は 46 本あり、このうち大きさ・形が等しい染色体 2 本（相同染色体）が 22 対で計 44 本ある。これらは総称して常染色体といわれる。国際統一命名法では、常染色体は大きさの順に 1 番から 22 番まで番号が振られている。残る 2 本の染色体はその組み合わせが男女で異なっている。女性は 2 本の X 染色体を持ち、それらが常染色体と同じように対をなしている。X 染色体は比較的大きく、7 番染色体の次に大きい。一方男性は X 染色体を 1 本しか持っていない。そのかわりに男性は女性が持たない Y 染色体を 1 本持っている。男性が持つ Y 染色体は、21 番染色体や 22 番染色体より少し大きいだけの非常に小さい染色体であり、X 染色体の約 3 分の 1 の大きさしかない。X 染色体と Y 染色体はまとめて性染色体とよばれている。

ヒトゲノム計画とはヒトがもつ 22 種類の常染色体と X 染色体と Y 染色体を合わせた 24 種類の染色体全てがもつ DNA 塩基配列をくまなく読み上げるという壮大なプロジェクトである。ゲノムとは生物の持つ一揃いの遺伝情報をいう。1991 年に開始されたこの計画は、ワトソンとクリックが DNA の 2 重らせん構造を解明してからちょうど 50 周年となる 2003 年 4 月 14 日に完成した。我々はゲノムに書かれた全ての塩基配列を知ることができる。だがヒトの遺伝子の働きの全てが明らかになったのではない。研究者たちはヒトゲノム計画によって得られた塩基配列を詳しく調べ、それぞれの染色体にどのような遺伝子が含まれているかを明らかにすべく日夜激しい競争を繰り広げている。

ヒトの細胞 1 つに含まれている DNA の長さは約 190cm である。これが 46 本の染色体に分かれていることから 1 本の染色体には平均 4cm の DNA が巻かれていることになる。

表 15　ゲノムサイズと遺伝子の数

	ゲノムサイズ	遺伝子の数	解読年
酵母菌	1,210 万塩基対	5,800	1996 年
大腸菌	467 万塩基対	4,400	1997 年
結核菌	440 万塩基対	4,000	1998 年
線虫	9,700 万塩基対	19,000	1998 年
ショウジョウバエ	1 億 8,000 万塩基対	13,600	2000 年
シロイヌナズナ	1 億 2,000 万塩基対	25,500	2000 年
イネ	4 億 3,000 万塩基対	30,000	2002 年
ヒト	31 億塩基対	22,287	2003 年

ヒトの遺伝子数が意外に少なく 22,287 であることがわかり、人々を驚かせた。それまでは 10 万ぐらいと思われていたからである。線虫やシロイヌナズナとそれほど違わない。ヒトの機能の複雑さは遺伝子の数と直結していないのである。

ヒトの体に含まれるタンパク質の種類は他の生物よりずっと多いことが知られているが、その複雑さはスプライシングの機構や既存の部品をたくみに組み合わせることにより生み出されていることが推察されている。

第3章　バイオテクノロジー（1）

第1節　クローン植物

ブドウやキク、イチジクなどの茎を切り、地面にさしておくとやがて切り口のまわりから根が生えて独立した植物体となる。これが挿し木である。このように分化した細胞からでも他の組織・器官ができることは、植物では古くから知られていた。

1958年、アメリカのスチュアード（1904～1993）は次の現象を発見した。ニンジンの根の一部を取り出し生育に必要な栄養分や植物ホルモンで生かしておく組織培養を行うと、細胞は未分化な状態に戻る脱分化を行って増殖し、カルスとよばれる未分化な細胞塊を作る。さらにオーキシンやサイトカイニンなどの植物ホルモンとココナツミルクなどの栄養分を与えて培養していくと、芽が出て、最終的にはもとのニンジンと同じ完全な植物体が得られた。

その後、分化した体細胞1個から組織培養によって脱分化して増殖し、その後再分化・増殖して新しい個体を形成することはニンジンの根に限らず他の植物の根や葉、茎の組織でも同様な結果が得られた。これらの結果は、植物のからだを作っている体細胞が、いろいろな組織に分化してもなお、完全な個体を形成する能力、つまり全能性（万能性）を保持していることを示している。このことは植物においては体細胞分裂のみにおいて拡大生産することが可能であることを示している。例えば観賞用のランは種子に栄養分を持たないために種子から育てることができず入手が困難であったが今日ではこのようなクローン技術を使うことにより多くのランが栽培され、安価で販売されるようになっている。朝鮮人参に含有される生薬の成分や化粧品に使われるムラサキという植物の色素も現在では、これらの植物のカルスからクローン技術によって工場で大量生産されている。
ここでいうクローンとは全く同一の遺伝的組成を持つ細胞群や個体群のことをいう。またクローンとはギリシャ語で「小枝」を意味する。

第2節　細胞融合

植物の細胞は、外側にセルロースなどで構成されている細胞壁がある。この細胞壁をセルラーゼなどの多糖を分解する酵素で処理すると、細胞壁が除去された細胞であるプロトプラストが得られる。これをポリエチレングリコール（PEG）で処理すると細胞融合が起こる。1978年、ドイツのメルヒャーがトマトとポテト（ジャガイモ）のプロトプラストを細胞融合させ、これを育てて新しい植物品種ポマトの作成に成功した。この本来の目的はトマトにジャガイモの耐寒性遺伝子を導入するという品種改良を目指したものであった。そして地上部にはトマト、地下茎にはジャガイモができるという優れた品種の誕生が期待されたが、残念ながら極小さいトマトと親指大のジャガイモしかできなかった。トマトもジャガイモも光合成によってできたでんぷんをトマトは実にジャガイモは地下茎に貯蔵する。ポマトでは光合成量が上昇したわけではないので実も地下茎も中途半端なものになり、味もよくなかった。その後日本企業によって、オレンジとカラタチの細胞融合によるオレタチが作られた。柑橘類については優れた品種ができつつある。さらにハクサイとキャベツの一種であるアカカンランを細胞融合したバイオハクランは市場に流通している。
細胞技術の技術は実ははじめ動物細胞で成功した。1962年にセンダイウイルスが感染した動物の細胞どうしが融合することが発見された。ヒトとヒト、マウスとマウス、マウスとヒトなど異種細胞間の細胞融合も活発に行われるようになった。今日では融合方法も改良され、ポリエチレングリコールなどの化学物質などの他に高電圧刺激、機械刺激なども用いられている。
ハイブリドーマは免疫グロブリン細胞とガン細胞を細胞融合させた雑種

細胞であり、免疫グロブリンを合成しながら増殖し続ける。ハイブリドーマの名称は、ハイブリッド（雑種）とカルシノーマ（腫瘍）の２語を合成したものである。これを利用して免疫グロブリンを大量製造することができるようになり、感染症の治療に用いられている。

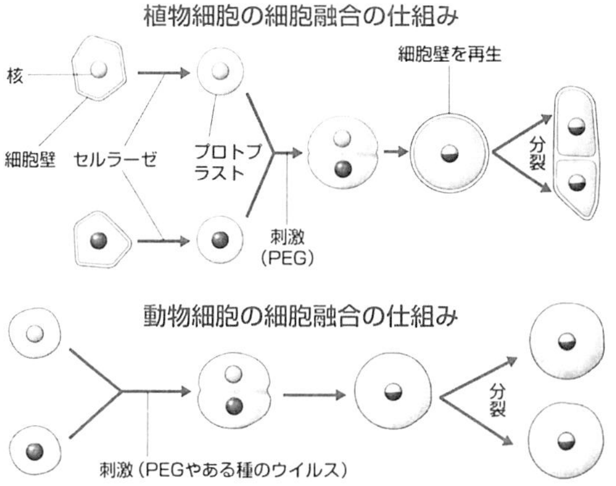

図 12　植物細胞と動物細胞の細胞融合

『ダイナミックワイド図説生物総合版』（東京書籍）p.215，2005 年改訂 2 版

第 3 節　遺伝子組換え

ある生物にそれが本来持っていない遺伝子を組み入れることが遺伝子組換えである。この遺伝子組換えは、DNA の塩基配列を特定の場所で切断する制限酵素と切断された DNA の断片を再び結合する酵素 DNA リガーゼが発見された 1970 年代に入ってから行われるようになった。様々な塩基配列に対応する多種類の制限酵素が発見されたこともあり、ある生物から切り取った特定の塩基配列をプラスミドとよばれる細菌の環状 DNA やウイルスの DNA に組みこむことが行われるようになった。この組換え

DNA を標的となる細胞に導入するとその細胞内で導入した遺伝子が働く。スタンフォード大学のコーエン（1935 ～）とカリフォルニア大学サンフランシスコ校のボイヤー（1936 ～）が 1973 年に共同研究によりこの方法に最初に成功し、遺伝子工学の基礎を築いた。

たとえば人のインスリンの遺伝子を大腸菌のプラスミドに組み込むと大腸菌で人のインスリンを大量に合成する。これは糖尿病に使用される。その他に成長ホルモンやウイルスの増殖を抑制するインターフェロンなどが同様に生産されており、病気治療に使用されている。

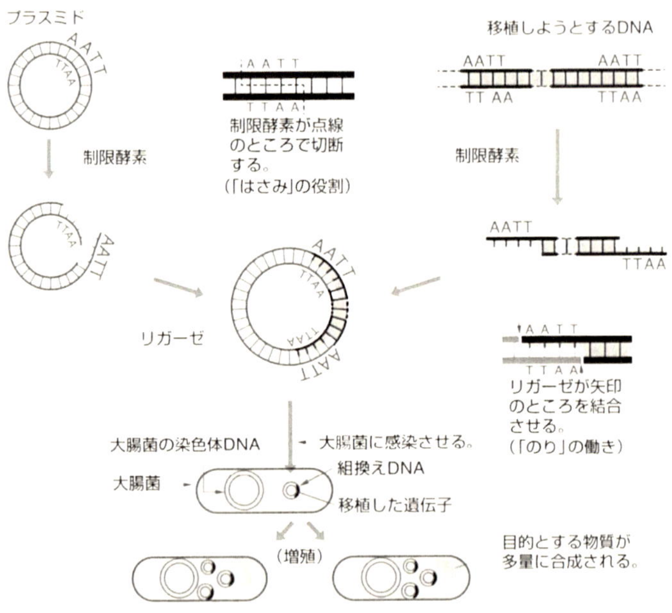

図 13　遺伝子組換え実験

『新版生物Ⅱ』（実教出版）p.100, 2003 年検定済教科書

プラスミドのように外来遺伝子を運ぶ運び屋の働きをし、導入した生物内で増殖できる DNA をベクターという。しかしプラスミドが細胞膜を

通って細胞中に侵入するといってもそのままスムーズに侵入するわけではない。細胞膜にある種の処理をする必要がある。例えば大腸菌を塩化カルシウム水溶液の中に入れると、大腸菌の細胞膜が変化してプラスミドを取り込みやすくなる。またベクターとして使われるのはプラスミドだけではなく、第2章第3節で既出のファージの弱毒性のものを使って大腸菌に組み替えたファージのDNAを導入する方法も採られている。

ここでは大腸菌などの原核生物への導入を述べたが次節では高等生物の植物へのDNA導入による、遺伝子組換え食品について考察していく。

第4節　遺伝子組換え食品

2006年8月15日現在、厚生労働省は76品種の遺伝子組換え食品及び添加物を安全性審査により食品として利用可能と認可している。このうちジャガイモが8品種であり、害虫抵抗性またはウイルス抵抗性を持たせたものである。これらの開発社は全てアメリカのMonsant Companyである。大豆が4品種であり、除草剤耐性または高オレイン酸形質を持たせたものである。これらの開発社はアメリカのMonsant CompanyおよびOptimum Quality LIC、ドイツのBayer CropScienceである。テンサイは3品種であり、除草剤耐性を持たせたものである。開発社はアメリカのMonsant CompanyおよびOptimum Quality LIC、ドイツのBayer CropScience、スイスのSyngenta Seeds AGである。トウモロコシが25品種であり、害虫抵抗性または除草剤耐性を持たせたものである。開発社はテンサイの3社に加えて、アメリカのDaw AgroScience LICおよびPioneer Hibred International Inc.が加わる。ナタネは15品種であり、主に除草剤耐性を持たせたものである。開発社はアメリカのMonsant Company、ドイツのBayer CropScienceである。ワタは18品種であり、害虫抵抗性または除草剤耐性を持たせたものである。開発社はナタネの2社に加えて、アメリカのStoneville Pedigreed Seed、Mycogen SeedsおよびDaw AgroScience LICが加わる。最後にアルファルファは3品種であり、除草剤耐性を持たせたものである。開発社は、アメリカのMonsant Company および Forage Genetics Inc. である。アルファルファとは、ヨーロッパ原産のマメ科のムラサキウマゴヤシのことである。本来は牧草として利用される植物であるが、その種子を発芽させたモヤシのことを現在ではアルファルファといい食用にする。細い芽はやわらかくて甘みがあり、生のままサラダやサンドイッチなどに使用される。

以上、見てきたように遺伝子組換え食品の開発をリードしているのは欧米のベンチャー企業であることがよくわかる。遺伝子組換え食品の開発はアメリカの7社特に Monsant Company、ドイツの Bayer CropScience、スイスの Syngenta Seeds AG が遺伝子組換え食品の分野を独占しているのが実態である。

第5節　遺伝子組換え食品の作成法

遺伝子組換え手法による品種改良では導入する遺伝子 DNA はどの生物由来のものであってもよいし、化学合成してもよい。目的とする遺伝子 DNA が得られたならばこれを細胞中に導入する。そしてその遺伝子がうまくタンパク質を作れば、細胞は新しい遺伝的な特徴を持つようになる。

作物細胞への遺伝子導入には次のような方法が用いられている。

(1) アグロバクテリウム法

土壌中には様々な微生物の一つに細菌のアグロバクテリウムがいる。この細菌も細胞中にプラスミドを持つ。アグロバクテリウムは多くの双子葉植物に感染して、クラウン・ゴールドとよばれるこぶを作る。アグロバクテリウムは、プラスミドの遺伝子を植物細胞に送り込むと、植物は植物ホルモンを生産しこぶを作ると共にオパインとよばれる特殊なアミノ酸を合成するようになる。アグロバクテリウムはこのオパインを養分として利用するのである。このアグロバクテリウムのプラスミドを利用するのがアグロバクテリウム法である。この方法は自然界で生じている遺伝子組換えを利用している方法でもある。人間が遺伝子組換え技術を獲得するはるかいにしえから、土壌中のアグロバクテリウムは、自分たちが生きるために遺伝子 DNA を植物細胞に導入していた。

アグロバクテリウム法による遺伝子組換え作物の作出では、第3章第3節で解説したDNA組換え技術を用いて作物に付与したい遺伝的特徴を生み出す遺伝子 DNA とアグロバクテリウムの DNA を結合させて組換え DNA 分子を作成する。これをアグロバクテリウムの細胞内に戻し、目的とする遺伝子 DNA が作物細胞の DNA に組み込まれる。遺伝子が発現する成功率は実際には高くはないが成功率が低くても成功した細胞が1つでもあれば培養によって植物個体が得られ、植物体を増加させることができる。第3章第4節で述べた多くの遺伝子組換え食品は、このアグロバクテリウム法で作られている。

(2) パーティクルガン法

パーティクルガン法は、銃弾を撃ちこむように作物細胞内に遺伝子 DNA を送り込む方法で遺伝子銃法ともよばれている。組換え DNA 技術を用いて作物の細胞に導入したい遺伝子 DNA を調整し、これを金やタングステンなどの金属微粒子に付着させ、高圧ガスを噴射してこの金属微粒子ごと細胞内に打ち込む。このパーティクルガン法は、植物細胞の細胞壁を取り除くことなく遺伝子導入が行えるという利点がある。植物細胞が細胞壁を保持していると、遺伝子を導入した細胞の生存が高まる。

(3) エレクトロポレーション法（電気穿孔法）

作物の細胞に酵素を働かせて細胞壁を取り除く。小さくきった葉を酵素セルラーゼとペクチナーゼの入った溶液に浸け、細胞壁を除去する。細胞壁をうしなったプロトプラストに、組換え DNA 技術を用いて作物の細胞に導入したい遺伝子 DNA を調整する。この遺伝子 DNA とプロトプラストを溶液中に入れる。そして直流の高電圧パルスを瞬間的にかける。このときプロトプラストの細胞膜に一時的に小孔が開き、遺伝子 DNA がプロトプラストに取り込まれる。電場を除くと細胞膜の小孔はふさがり。細胞膜は元の状態に修復される。

組換え作物で広く知られているのは遺伝子組換え大豆であるが、このうちアメリカのMonsant Companyが作成した遺伝子組換え大豆は、遺伝子導入によってラウンドアップ（これはモンサント社の商品名であり、主成分はグリホサートとよばれる化学物質）とよばれる除草剤に耐性を与えている。大豆畑で除草剤のラウンドアップを散布すると植物細胞の中にラウンドアップが入り生体内のある種の酵素Aに結合して失活（酵素の働きを失わせる）させる。酵素Aが失活することによりアミノ酸が作れずに植物は枯れる。このように遺伝子組換え大豆ではラウンドアップが結合できない酵素Aを作る遺伝子を導入している。したがってラウンドアップを撒いても遺伝子組換え大豆だけは枯れないのである。

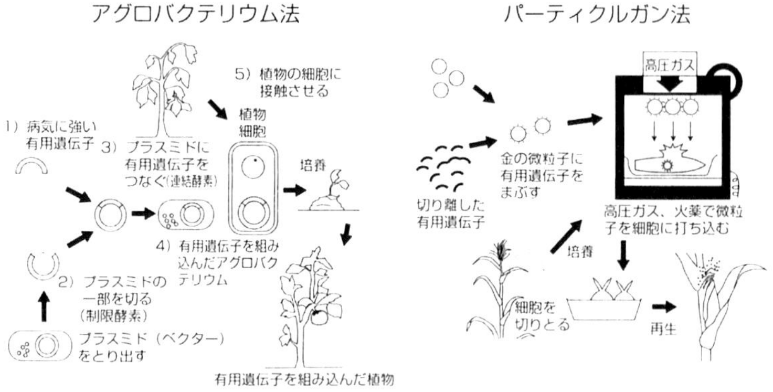

図14　遺伝子組換え植物

渡辺雄二『遺伝子組み換え食品Q & A』（青木書店）1997年

次に害虫抵抗性遺伝子組換え植物について考える。これはBt菌とよばれる土壌細菌の毒素タンパク質の遺伝子を植物に導入して、植物が害虫によって食されないようしたものである。この遺伝子組換え植物の葉や茎を害虫の幼虫がかじるとその害虫は数日から1週間で死んでしまう。Bt菌は正式にはバチルス・チューリンゲンシスといい、1910年代にドイツのチューリンゲン地方で発見されたのでこの名称がある。現在同じような土壌細菌は世界各地で発見され、70種類以上が報告され、一括してBt菌とよばれている。Bt菌が作り出す毒性タンパク質によって昆虫が死ぬが、全ての昆虫が死ぬわけではない。ガ、チョウ、カ、甲虫など一連の昆虫だけが死ぬ。またBt菌の種類によって死ぬ昆虫の種類は若干異なっている。

害虫抵抗性遺伝子組換え植物が作られる前の1960年から、Bt菌の毒性タンパク質は、BT剤とよばれる殺虫剤として世界的に利用されていた。BT剤は特定の種類の害虫だけを駆除できること、また人間を含めた哺乳動物、鳥、魚などには安全なことから、化学農薬とは違う安全で環境にやさしい生物農薬ということで使用されている。

Bt菌の毒性タンパク質作成遺伝子を導入した植物は次のようなメカニズムで昆虫を殺す。昆虫の消化液には大量のカリウムイオンが含有されていて強アルカリ性である。このような昆虫の消化液中で植物で作られたBt菌の毒性タンパク質が分解され、毒性タンパク質の断片が生まれる。これが昆虫の消化管壁にあるタンパク質と結合して消化管壁細胞に穴をあけ、昆虫は死ぬのである。

一般人は昆虫が死ぬものを人間が食することに不安を感じるが、以下に示す理由から安全であるといわれている。

①人間の胃内は強酸性であり、腸内は中性から弱アルカリ性であり昆虫の消化液が強アルカリ性であるのとは条件が異なり、人間がBt菌の毒性タンパク質を食しても昆虫に毒性を示すような未消化のタンパク質断片ができる可能性は低い。

②このような未消化のタンパク質ができても人間の消化管には毒性タンパク質と結合する受容体タンパク質がない。よって消化管に穴があくことはない。

人間だけでなく哺乳動物では同じ理由からBt菌の毒性タンパク質は毒性を示さない。これは、マウス、ラット、ウサギなどを用いた動物実験でも確認されている。

第6節　遺伝子組換え食品産業の世界戦略

第3章第4節以降で見たように、遺伝子組換え植物の開発競争で独創を続けるのはアメリカモンサント社である。モンサント社はミズーリ州セントルイスに本拠を置く、1901年創業の化学会社で1920年代から硫酸と化学薬品の製造で業績をあげ、1940年代からはプラスチックや合成繊維も手がけた。同社を有名にした商品の一つがアロクロールである。これはPCB類であり、現在はその発癌性等の毒性から製造・販売が完全禁止となっている。また農薬製造において同社が製造した枯葉剤がベトナム戦争で大量散布されたが、不純物としてダイオキシン類が混入しており、2重体児誕生の原因となったことはあまりにも有名である。そこでダーティーなイメージのPCBや農薬からのメタモルフォーゼを図るべく、バイオテクノジーの研究に着手したのであった。モンサント社が遺伝子組換え研究を着手したのが1983年であり、害虫抵抗性、除草剤抵抗性、病気抵抗性などを持つ作物を開発することが狙いであった。1996年に除草剤耐性大豆、除草剤耐性ナタネ、害虫抵抗性ワタが商業化された。モンサント社の販売戦略は、除草剤ラウンドアップ耐性の遺伝子組換え大豆、トウモロコシ、ワタなどを次々に開発商品化し、アメリカ国内、世界各国に普及させることでそれらの遺伝子組換え植物の種子代金が入ると同時に除草剤ラウンドアップを売り上げることもできたのである。これらの植物はラウンドアップのみに枯れないのであり、その他の除草剤には枯れてしまうのである。したがって農家は種子のみならず除草剤もセットで購買しなければならないのである。現在モンサント社は遺伝子組換えの特許を持つ会社や種子会社を買収することによって遺伝子組換え植物の開発・販売の独占体制を固めつつある。

さらにモンサント社はターミネーターテクノロジー技術を手に入れている。この技術は遺伝子組換え植物の種子は一度は発芽して成長するが、できた種子をまいても発芽しないのである。完成した遺伝子組換え植物の権利や利益を完全に手に入れるには、農家の自家採取を100%防止する必要がある。これまでの開発企業は農家との契約によって自家採取を禁止してきた。しかしその契約を農家が遵守しなければ毎年種子を売ることができない。さらに種子が横流しされ、拡散していく可能性もある。ところがターミネーターテクノロジーを使えばこれらを完全に防止できる。アメリカでは1998年にこのターミネーターテクノロジーが特許として認められ、世界中に特許申請を行っている。

アメリカではモンサント社の他に、世界最大の総合化学会社デュポン社や大手化学企業のダウ・ケミカル社も遺伝子組換え植物の開発に力を入れている。1991年アメリカ政府の大統領競争力委員会は、「バイオテクノロジー政策報告書」の中で「国をあげて遺伝子組換え技術の開発を行い、その技術を知的財産権として保護し、世界各国に広めていく。」という世界戦略を打ち出している。つまりアメリカ政府は、遺伝子組換え特許の網を世界中にかぶせ、アメリカ企業・アメリカ国民の利益を保護するという明確な国家戦略を打ち出しているのである。

第7節　遺伝子組換え植物の世界の栽培状況と国内表示方法

遺伝子組換えを英語でGenetically Modifiedといい、GMと略記する。英語では遺伝子組換え作物ならGM crops、遺伝子組換え食品ならGM foodなどの表記を行う。植物、動物を含めて遺伝子組換え生物のことを、Genetically Modified Organismsといい、GMOと略記する。

GM作物が商業的に栽培されるようになったのは前節で述べたようにアメリカで1996年からであり、この年の作付け面積は170万haであった。その後急速に栽培面積が増加し2005年では21カ国で、日本の全耕地面積の10倍以上の9000万haの栽培が行われている。

国別で表すと次のようになる（（　）は世界のGM作物作付面積に占める割合）。

1位	アメリカ	4,980万ha（55%）
2位	アルゼンチン	1,710万ha（19%）
3位	ブラジル	940万ha（10%）
4位	カナダ	580万ha（6%）
5位	中国	330万ha（4%）

日本ではGM作物は商業的に栽培されていない。

作物別には次のようになる。

1位	大豆	5,440万ha（60%）
2位	トウモロコシ	2,120万ha（24%）
3位	ワタ	980万ha（11%）
4位	ナタネ	460万ha（5%）

EUはこれまで慎重な対応をとってきたが、2004年に5年半ぶりにGM作物が解禁されている。

第3章第4節で述べたように、わが国には76品種のGM作物が輸入されており、現実に使用されている。農林水産省はJAS法（正式名は「農林物資の規格化及び品質表示の適正化に関する法律」）により、厚生労働省は食品衛生法により、共に2001年4月よりGM食品の表示を義務付けた。両者の内容は同じものである。その概要を次にしめす。

(1) GM作物の収穫物をそのまま食べるものは表示義務がある。

(2) 加工食品で最終的な食品に導入遺伝子DNAやそこから合成されるタンパク質が残っているとき、

①食品メーカーがGM作物を原料に用いていることがわかっていれば、必ず表示しなければならない。例として、GM大豆を原料とする豆腐、味噌、納豆などでは「大豆（遺伝子組換え）」のように表示しなければならない。

②食品メーカーが、原料がGM作物かどうかわからない場合でも表示しなければならない。海外から輸入された原料を使用するときには、GM作物が生産地や流通過程で区別されていなくて、原料がGM作物かどうかわからないことが多い。このような場合には、表示は「大豆（遺伝子組換え不分別）」となる。不分別という意味は、生産現場や流通過程でGM作物やその収穫物がそれとして区別されていないことを意味する。

③食品メーカーが、GM作物でないものを手配し、原料として使用しているときは、表示しなくてもよい。表示する場合には「大豆（遺伝子組換えでない）」となる。

(3) 最終的な食品に、GM作物に導入した遺伝子DNAやタンパク質が残存していないもの。

①食品の原料がGM作物であっても、また、そうかどうかわからない場合でも、表示は不要である。一方、食品メーカーがGM作物でない作物を手配し、原料として使用しているときには表示しなくてもよいが、表示する場合には「大豆（遺伝子組換えでない）」となる。

GM食品の表示では、

（ア）最終的な食品に導入遺伝子が残存しているか。

（イ）生産現場や流通現場でGM作物がそれとして区別されているか。

以上の2点がポイントとなる。（イ）の区別をIPハンドリング（Identity Preserved Handling: 分別流通生産過程）という。（遺伝子組換えでない）という表示ができるのは、IPハンドリングをしている作物ということになる。

第8節　GM作物に対する国民意識

表16　わが国への作物別主要輸出国（2003年）（単位：千トン、%）

農作物	生産国	輸入量	シェア	備　考
トウモロコシ	アメリカ	15,234	89.3	アメリカのトウモロコシ栽培面積の40%はGMトウモロコシ
	中国	1,152	6.8	
	アルゼンチン	439	2.6	
	その他	231	1.3	
	合計	17,064	100.0	
ダイズ	アメリカ	3,858	74.6	アメリカのダイズ栽培面積の81%はGMダイズ
	ブラジル	890	17.2	
	カナダ	189	3.7	
	その他	236	4.5	
	合計	5,173	100.0	
ナタネ	カナダ	1,660	79.7	カナダのナタネ栽培面積の67パーセントはGMナタネ
	オーストラリア	369	17.7	
	フランス	53	2.5	
	その他	2	0.1	
	合計	2,084	100.0	
ワタ	オーストラリア	124	79.0	オーストラリアのワタ栽培面積の50%はGMワタ
	米国	24	15.3	
	ギリシャ	4	2.5	
	その他	5	3.2	
	合計	157	100.0	

日本貿易統計などより

我が国の輸入状況については、遺伝子組換え農作物を食品として利用する場合は、食品衛生法に基づき、第3章第4節で述べた7作物すなわちダイズ、トウモロコシ、ジャガイモ（ばれいしょともいう）ナタネ、ワタ、テンサイ、アルファルファについて、その数量を「遺伝子組換え」「遺伝子組換え不分別」「非遺伝子組換え」の区分毎に厚生労働大臣に届出ることとなっているが、飼料用や工業用に利用されるもの等、食品以外の用途に利用されるものは、届出の対象となっていないことから、組換え農作物の輸入量を把握することはできてない。なお、現在、貿易相手国の組換え農作物の作付が増加している傾向を踏まえれば、我が国に相当量輸入されていると考えられる。わが国の農林水産省はGM作物に対する基本的考え方をホームページで次のように公表している。

(1) 遺伝子組換え農作物は、これまでの交配等による品種の改良、栽培技術の改良等の取組みでは実現できない、高品質・高機能、低コストでの食料生産を可能とすることにより、豊かな国民生活の実現に大きく寄与する可能性を有している。(2) 今後一層深刻化することが予想される世界の食料問題・環境問題について、その解決の鍵となる技術である。(3) このため、農林水産省としては、多様化する国民のニーズに応え、食料供給の安定を確保するためにも、遺伝子組換え農作物の実用化に向けた研究開発を進めていく。(4) 遺伝子組換え技術については、遺伝子組換え作物の食品や飼料としての安全性及び環境への安全性の確保を図るとともに、新しい技術であるので、その推進に当たっては、国民の皆様に十分説明し、その理解を得ながら進めることが重要である。

2004年1月に農林水産技術会議事務局が社団法人農林水産先端技術産業振興センターに委託して「遺伝子組換え技術・農作物・食品についてのアンケート」(回答者数1,154名)を実施した。その結果次のようなことが判明した。

(i) 遺伝子組換え技術は農業・食品分野にとって「役立つ」、「ある程度役立つ」技術であるという回答が58%

(ii) 遺伝子組換え農作物を栽培することによって環境への「影響がある」、「ある程度影響がある」とする回答が53%、また、組換え食品を食べることに不安を「感じる」、「ある程度不安を感じる」という回答が66%

技術としての可能性は評価するものの、実際の利用に当たっては不安に感じる者が多いという傾向が伺える結果が出ている。

このようなことの背景として、遺伝子組換え農作物の安全性は関係省が法律に基づき確認していることを「よく知っていた」、「ある程度知っていた」とする回答は43％にとどまっていること、遺伝子組換えについて現在得ている情報に「満足している」「ある程度満足している」としている者はわずか7％であることなど、情報提供やコミュニケーションの機会が不十分であったことが一因となっていると農林水産省は分析している。

第3章第4節で示したようにわが国は、厚生労働省が7つの作物の76品種の遺伝子組換え食品及び添加物を安全性審査により食品として利用可能と認可しており、わが国で流通しているGM作物は安全であるという立場であり、消費者に対する安全性の説明責任とその機会をさらに増やしていくことが今後の課題であろう。

第9節　バイオセーフティに関するカルタヘナ議定書

1992年ブラジルのリオデジャネイロで、180カ国が参加し4万人を超える人々が参加する国連史上最大の国際会議であった地球サミット（正式名は国連環境開発会議UNCED）が開催された。この会議期間中、2つの重要な国際条約「気候変動枠組み条約」と「生物多様性条約」の署名が開始された。わが国は1993年に生物多様性条約を締結し、同年に本条約は発効した。2006年4月現在、187カ国とEUが「生物多様性条約」を締結している。しかしアメリカは未締結である。本条約は（1）地球上の多様な生物をその生息環境と共に保全すること。（2）生物環境を持続可能であるように利用すること。（3）遺伝資源の利用から生ずる利益を公正かつ公平に配分すること。以上の3点を目的としている。この条約のためのわが国の拠出金は各締約国の拠出金総額の22％に上り、世界1である。2007～2008年では、金額で3,670,172ドルに上っている。

この生物多様性条約に基づく議定書が「バイオセーフティに関するカルタヘナ議定書（Cartagena Protocol on Biosafety）」である。現代のバイオテクノロジーにより改変された生物Living Modified Organisms（「LMO」と記す。）による生物多様性の保全及び持続可能な利用への影響を防止するための国際的な枠組みを定めたものである。2003年9月11日発効し、わが国は2003年11月21日締結し、2004年2月19日にわが国において発効した。なお、「カルタヘナ」とは、この議定書が検討された生物多様性条約締約国特別会合の開催地であるコロンビアの都市の名前である。主な内容は次のとおりである。

(1) 議定書の目的

特に国境を越える移動に焦点を合わせて、生物多様性の保全及び持続可能な利用に悪影響を及ぼす可能性のあるLMOの安全な移送、取扱い及び利用の分野において十分な水準の保護を確保することに寄与することを目的としている。

(2) 議定書の適用範囲

生物多様性に悪影響を及ぼす可能性のあるすべてのLMOの国境を越える移動、通過、取扱い及び利用について適用される（人用の医薬品は対象外）。

(3) 輸出入に関する手続き

（i）環境への意図的な導入を目的とするLMO（栽培用種子など）の輸出入に際しては、事前の通告による同意（AIA）手続きが必要、としている。輸出国（または輸出者）は、LMOの意図的な国境を越える移動に先立ち、輸入国に対して通告を行い、輸入国は、その情報を踏まえ、リスク評価を実施し輸入の可否を決定することとしている。

（ii）輸入締約国の基準に従って行われる拡散防止措置の下での利用を目的とするLMOの輸出入については、AIAの適用除外とされている。

（iii）食料若しくは飼料として直接利用し又は加工することを目的とするLMO（コモディティ）の輸出入に関しては、AIA手続きを必要とされていないが、コモディティとして輸出される可能性のあるLMOの環境放出（野外試験を除く）を決定した締約国（当該LMOの生産国であり輸出国となりうる締約国）は、バイオセーフティに関する情報交換センター（BCH）を通じてその決定を他の締約国に通報する。

また、輸入締約国は自国の国内規制の枠組みに従いコモディティ輸入について決定することができるとしている。

(4) リスク評価、リスク管理の実施

輸入締約国は、LMOの輸入の決定に際し、リスク評価が実施されることを確保するとともに、リスク評価によって特定されたリスクを規制し、管理し、制御するための制度等を定め、維持することとなっている。

わが国では「バイオセーフティに関するカルタヘナ議定書」の的確かつ円滑な実施を確保することを目的として、議定書発効の2004年2月19日から「遺伝子組換え作物等の使用等の規制による生物の多様性の確保に関する法律」(通称「カルタヘナ法」) が施行されている。この法律では、次のようなことが規定されている。

(1) 主務大臣(財務大臣、文部科学大臣、厚生労働大臣、農林水産大臣、経済産業大臣、環境大臣) が、遺伝子組換え生物等の使用等による生物多様性影響(遺伝子組換え生物等の使用等による生ずる影響であって生物の多様性を損なうおそれ(野生動植物や微生物の種又は個体群の維持に支障を及ぼすおそれなど) のあるもの) を防止するための施策の実施に関する基本的な事項等を定め、これを公表すること。

(2) 遺伝子組換え生物等の使用等に先立ち、使用形態に応じた措置を実施することとし、

(i) 遺伝子組換え生物等の環境中への拡散を防止しないで行う使用等(第1種使用等) の場合は、新規の遺伝子組換え生物等の使用等をしようとする者(開発者、輸入者等) 等は事前に第1種使用規程を定め、生物多様性影響評価書等を添付し、主務大臣の承認を受けること、

(ii) 遺伝子組換え生物等の環境中への拡散を防止しつつ行う使用等(第2種使用等) の場合は、施設の態様等拡散防止措置が主務省令で定められている場合は、当該措置をとること。定められていない場合は、あらかじめ主務大臣の確認を受けた拡散防止措置をとること、を義務づけている。

(3) このほかに、未承認の遺伝子組換え生物等の輸入の有無を検査するた

めの仕組み、輸出の際の相手国への情報提供、科学的知見の充実のための措置、国民の意見の聴取、違反者への措置命令、罰則等が規定されている。

以上見てきたように、わが国にはGMO，LMOに関して、国際的にはカルタヘナ議定書の網がかかっており、わが国独自にはJAS法や食品衛生法の網がかかっているのである。

第4章　バイオテクノロジー（2）

第1節　動物クローン

ケンブリッジ大学のガードン（1933～）は1962年に次のような実験を行った。核に核小体が2つあるA系統のアフリカツメガエルと核小体が1つしかないB系統のアフリカツメガエルを使って核移植を行った。ガードンは紫外線照射により核の働きを不活性化したA系統の未受精卵に、B系統のオタマジャクシの小腸上皮細胞の核を移植した。その中に卵割が正常に進んだ胚が少数あり、なかには子ガエルになるものがあった。子ガエルの細胞を調べると全て核小体が1つのB系統であった。

この結果は分化した動物細胞の核にも全能性があることを示している。分化した細胞のゲノムは発生を進める能力が受精卵のゲノムと等しいという意味で、分化した細胞のゲノムは等価性を持つという。つまり、核の持つ遺伝情報は細胞が分化しても変化せず、全遺伝情報が保持されている。ガードンが採った核移植法は、細胞にマイクロキャピラリー（微小ガラス管）を挿入して他細胞から採った核を直接注入する方法であり、マイクロインジェクション法とよばれる。

マイクロインジェクション法は導入したい物質を目的の細胞に確実に導入できることや各細胞をはじめ、DNA、RNA、タンパク質、指示薬、標識物質など目的に応じていろいろな大きさの物質を細胞内に直接注入できるという特徴がある。しかしマイクロキャピラリーを細胞に挿入する際に生じる傷が原因で細胞が死ぬことが多いことや、一度に多数の細胞を処理できないなどの問題点がある。

第3章5節で述べたエレクトロポレーション法はこの核移植に多用されている。発生初期の受精卵から生体の体細胞まで効率的移植が行えるからである。

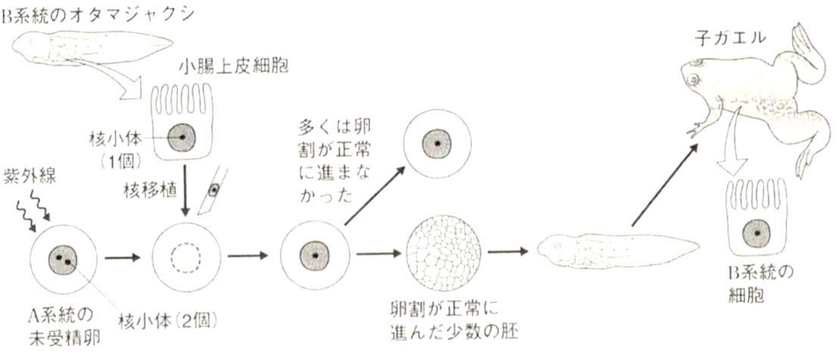

図 15　ガードンの核移植実験

『高等学校生物Ⅱ』(三省堂) p.102, 2004 年検定済教科書

核移植によって生まれる新個体は、移植した核を持っていた個体と遺伝的に等しいクローンである。このとき発生が進んだ細胞の核ほど、移植後正常に発生する割合が低下するため、成体の体細胞から取り出した核でクローンを作るのが可能なものは両生類までと考えられていた。1996 年 7 月 5 日年イギリスのロスリン研究所でドリーと名づけられた体細胞クローンヒツジが誕生した。ドリーには体細胞として 6 歳の雌ヒツジの乳腺細胞が使われた。277 個の体細胞の核が除核した 277 個の未受精卵に移植されたが、胚盤胞にまで発生したのが 13 個でこのクローン胚を雌ヒツジ（代理母）の子宮に入れた。そのうちたった一頭だけがドリーとして誕生したのである。ドリーには父親はいないが、3 頭の母親がいるわけである。つまり乳腺細胞を提供した母親、未受精卵を提供した母親、子宮で育てた母親である。ドリーは 1998 年の第 1 子ポニーを出産し、1999 年にはさらに 3 頭を出産し、生殖能力があることが証明された。しかし 2002 年ドリーは関節炎を発症して衰弱していった。そして肺腺腫を併発し 2003 年 2 月 14 日に安楽死させられた。

クローンヒツジドリーが成功した大きな要因は、乳腺細胞を培養するときに用いた細胞の養分となる子牛の血清濃度を非常に薄く 20 分の 1 に減らしたことにある。この結果細胞の周期が初期状態に戻ったといわれている。

ドリーの全てのDNAが乳腺細胞を提供した母親つまり核の母のDNAと同一であると考えるのは間違いである。実は細胞内の呼吸を行っている細胞小器官のミトコンドリアにも極少量の環状DNA（ごく少数のタンパク質をコードする遺伝子などが存在することが明らかにされている）が存在する。ミトコンドリアは核ではなく細胞質に存在しているので、次図の細胞質の母である未受精卵を提供した母親のミトコンドリアDNAがドリーに受け継がれている。つまり、核の母の完全なクローンは作れないのである。

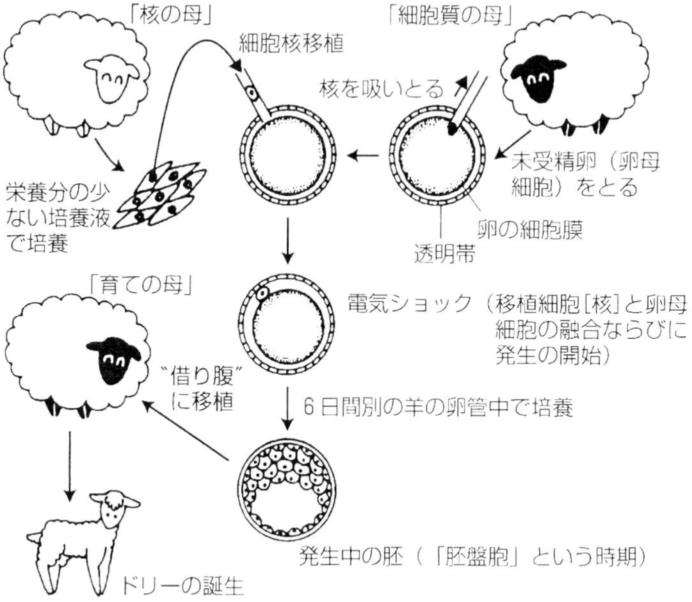

図16　ドリー誕生の過程

中内光昭『クローンの世界』（岩波書店）p.172，1999年

第２節　ドリーの問題点

一般にヒツジは２歳で繁殖供用が可能となり、７～８歳まで繁殖に用いる。普通その後肉用とする場合が多いが適切な管理を行えば20年生き延びた記録がある。ドリーの６年５ヵ月の生存期間は標準的なヒツジのそれより短い。この理由としてドリーは生まれながらにして６歳だったという説がある。これは核移植した乳腺細胞を提供したヒツジが６歳であったからである。生物の年齢、あるいは老化について調べる方法にテロメアを目安にするものがある。テロメアとは染色体の端にある部分であり、細胞が分裂を繰り返していくとき、分裂の回数が多くなればなるほど短くなっていく。つまり、若い個体の細胞のテロメアは長く、年老いた個体のテロメアは短い。よってテロメアを調べることは、細胞の老化の状態を調べる一つの目安になる。２本の染色体は細胞分裂のとき複製されて４本になり、分裂してまた２本になる。しかし常にまた同じ長さに再生されない。特にDNAの端はどんどん切れて短くなる。はじめはテロメアーゼという酵素が短くなったり、切れたりするテロメアを充填するが、加齢によってテロメアーゼが働きにくくなるからである。ロスリン研究所では実際にドリーの細胞を取ってテロメアの長さを調査した。その結果、同年齢のヒツジと較べてドリーのテロメアの長さが２割短いという結果を得た。この結果からいうとドリーは生まれながらにして、６歳ではないにしても何歳か年をとっているという結果が出された。ただし現在のところ、テロメアの長さがどれくらいだから何歳であるという明確な基準はない。

第３節　生殖技術

哺乳動物のクローン技術が成功した背景には1950年代から始まった畜産現場での生殖技術の開発がそのベースにあった。生殖技術には中核となる３つの技術革新がある。

(1) 1952年に成功した精子の液体窒素による凍結技術である。これによりメスの胎内に精子を注入する人工授精がより効率的になった。
(2) 受精卵（胚）移植と受精卵凍結技術である。1970年代、妊娠したメスから胚を取り出し、別のメスの胎内に移植（借り腹）する技術が確立した。また受精卵（胚）の凍結保存技術により、胚をいつでもどこでも、解凍して移植し、発生を再開させることが可能になった。
(3) 体外受精技術の確立。初めての体外受精は、1978年イギリスで不妊治療のために行われた。シャーレで受精させた受精卵を数日培養した後、子宮に胚移植する技術の確立である。現在、体外受精技術は人間の不妊治療に不可欠な技術となっている。

こうした胚移植技術によって、ウシやヒツジで8細胞期までの初期胚の細胞をばらしてクローン動物を作ることは、1970年代には可能となっていた。その後、畜産現場では同様の手法を用いて1卵生のクローンが生産され、すでに牛肉は市場に出回っている（図17）。しかし8細胞期以上のある程度分化した細胞では細胞の全能性が低下しそのままでは発生効率が低下する。ウシでは32細胞期を越えると胚の細胞ばらしてクローンウシを作ることは不可能となる。しかし前述したように1962年のガードンの実験により分化した核に全能性があることが両生類のアフリカツメガエルで明らかになり、哺乳類への応用が試みられた。まず1986年イギリスで、ヒツジの8〜16細胞期の胚細胞の核を未受精卵にエレクトロポレーション法により核移植し、培養してから胚移植することによって1卵生の5〜7つ子のクローンヒツジの作成に成功した。

そしてついに1996年、体細胞核移植によりドリーが誕生し、続いてクローンマウス、クローンウシ、クローンブタ、クローンネコ、クローンイヌなどの成功が次々に報告されている。日本でもドリー誕生に刺激されると共に技術的なヒントを得て、ウシを主な対象としてクローン技術の研究が開始された。1998年8月に石川県畜産総合センターが世界で始めて体

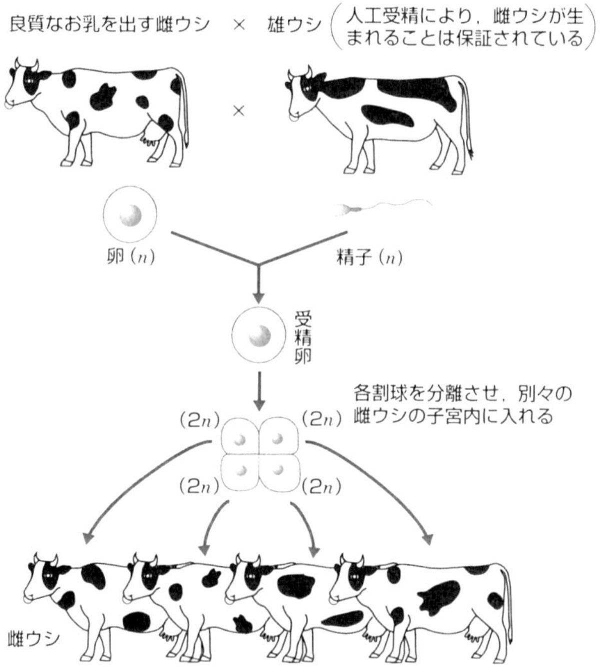

図 17　分割胚技術によるクローンウシ

『ダイナミックワイド図説生物総合版』（東京書籍）p.214，2005 年改訂 2 版

細胞クローンウシの作成に成功した。これは卵管から採った体細胞などをもとに 4 頭のクローンウシを誕生させたものである。その後も各地の畜産試験場や改良研究所などから、クローンウシの妊娠・出産の報告があいついだ。1999 年 4 月には旧雪印乳業の受精卵研究所が世界で初めて、ホルスタインの乳腺細胞をもとにしたクローンウシを誕生させた。このように未受精卵への体細胞核移植により、優秀な肉質を持つ肉牛、良質なミルクを出す乳牛などのクローンによる拡大再生産が可能になりつつある。

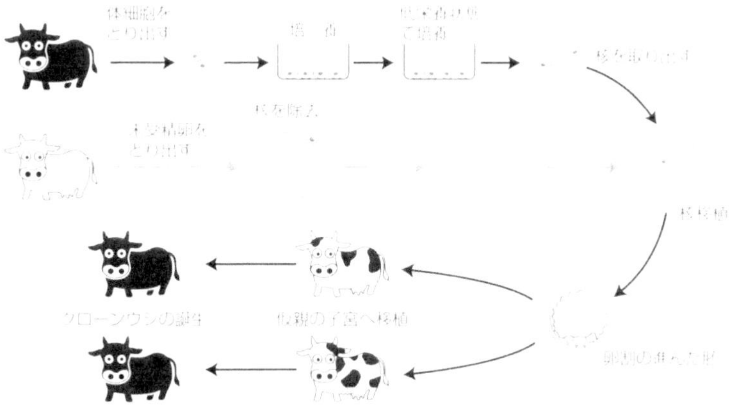

図 18　体細胞クローンウシの作成

『生命の探求 生物Ⅱ』（教育出版）p.117, 2003 年検定済教科書

第 4 節　ES 細胞と EG 細胞

植物の場合は、1 個の体細胞からもとの植物体まで育てることが可能である。動物では現在の技術では、1 個の体細胞からそれを分化させてもとの個体を再生させることは不可能である。ところがケンブリッジ大学のエバンスとカウフマンはマウスを交配によって受精させ 4 日後に初期胚を取り出した。この時期の胚は胚盤胞とよばれるもので 6 回の細胞分裂で 64 個の個の細胞からなる丸い細胞塊からなる。中身が満杯ではなく空孔がある形になっている。この胚盤胞の内部にある細胞塊から採取した細胞を培養皿の中で培養することに成功した。そしてこの細胞は培養皿の中で死ぬことなく増殖すること続けた。このような細胞はガン細胞以外見つかっていなかった。さらにこの細胞を注射器などを使用して別のマウスに移植すると、その体内で皮膚、筋肉、軟骨、神経といった様々な組織片を生み出した。一般には身体の特定の器官から体細胞を採って移植しても、もとあった場所の同じ器官の臓器細胞にしかならない。つまりエバンスとカウフマ

ンが増殖に成功した細胞は、まだ分化していない今後様々な細胞に分化する能力をもった未分化細胞であり、うまく培養すると自分と同じ細胞を無制限に生み出す。このような細胞は胚性幹細胞 Embryonic Stem cell（ES細胞）という。

1998年念ウィスコンシン大学のトムソンのグループは1998年11月6日号のヒトES細胞の培養に成功したとアメリカの科学雑誌『サイエンス』に発表した。またジョンズポプキンス大学のギアートのグループは同年科学アカデミーでヒトEG細胞の培養に成功したと発表した。EG細胞とは、胚性生殖幹細胞（Embryonic Germ cell）のことであり、EG細胞は、将来精子や卵になる細胞（始原生殖細胞）から樹立される細胞で、ES細胞とほぼ同じ性質をもつことがマウスの研究から分かっている。ヒトの場合、EG細胞は妊娠5～9週の死亡胎児から始原生殖細胞を取り出して、ES細胞と同様に培養することにより樹立された。

現在、臓器、神経、筋肉の再生などにES細胞やEG細胞を用いること、つまり再生医療に利用するための研究が精力的に進められている。たとえば下図のように未受精卵の核を抜き、臓器に障害がある病人の体細胞の核移植を行い、ES細胞やEG細胞を作成し分化誘導させ障害臓器の代替臓器を作成、しその病人に臓器移植を行う。ES細胞やEG細胞には、病人本人の核が入れられているので、拒絶反応は起きないのである。しかしこの医療は、女性の受精卵や胎児を使うので倫理的な視点からの検討を行いながら進める必要がある。

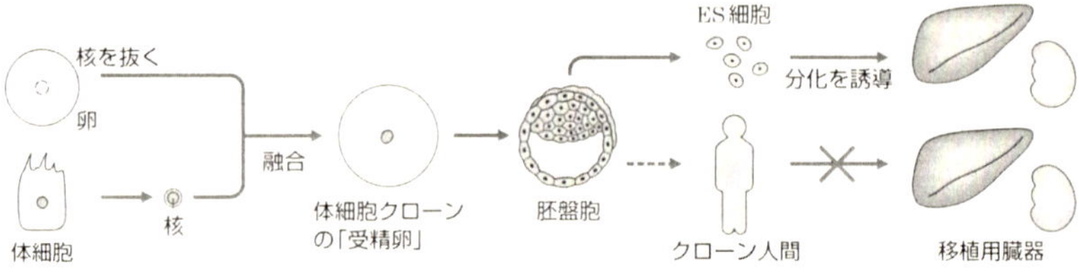

図19　ES細胞と臓器移植

『ニューステージ新訂生物図表』（浜島書店）p.98, 2002年

図19の胚盤胞を女性の子宮に入れるとクローン人間が誕生することになる。韓国のソウル大学元教授ファン・ウソク氏は2004年2月、アメリカの科学学術誌『サイエンス』に、図19のヒト体細胞クローン卵からES細胞作成に成功したと発表した。また、2005年5月の『サイエンス』誌には脊髄損傷や重症糖尿病患者の皮膚の核を移植したヒト体細胞クローン卵からES細胞を作ったと発表した。しかし、すべて捏造でありES細胞は全く作られていなかったことが判明し、科学技術者倫理の問題がクローズアップされた。

第5節　クローン人間禁止とヒト胚研究

クローン人間に関してはその作成はアメリカを除き先進国では禁止されているが、ヒト受精卵からのES細胞作成、ヒト体細胞クローン卵からのES細胞作成には欧米先進国や日本、韓国などとは違いが生じている。ところで胚という言葉と受精卵の違いであるが、胚は受精卵から受精卵が卵割して大まかな形を形成する胎児の状態までをいう。

アメリカでは、「研究目的も含めたヒトクローン胚全面禁止法案」が2001年8月に下院で成立した。しかし上院ではいまだに成立しておらず連邦法としては成立していない。したがって連邦でみると、クローン胚の研究に関しては連邦予算が支出されないという縛りしかかかっていない。日本では内閣府に設置された総合科学技術会議の生命倫理専門委員会が3年の議論の末、2004年7月13日にヒトクローン胚作成を条件付で認める最終報告書をまとめた。しかし卵子の入手方法をボランティアからは原則禁止、具体的入手方法は厳格な枠組みが必要とだけにとどめた。したがって具体的な指針を現在作成中であるがいまだにまとまらず、クローン胚作成はいまだ認められていない。

表 17　ヒトクローン胚の規制状況

国名	ヒト受精卵の取り扱い	クローン技術の取り扱い
米国	法令による規制はない。新たなES細胞を作成するための連邦予算は投入しない。	法令による規制はない。クローン胚の研究は連邦予算を投入せず。「研究目的も含めたヒトクローン胚全面禁止法案」が2001年8月に下院で成立。上院ではいまだに成立せず。
英国	「ヒト受精・胚研究法」により生殖補助医療、先天性疾患、胚の発生、難病に関する研究目的での胚作成・利用が認められている。	同法改正（2001）により、クローン胚作成・利用が可能。クローン人間については、同法及び特別法により禁止。
ドイツ	胚保護法により生殖研究目的以外での作成・利用を禁止。	同法により目的を問わず作成が禁止。
フランス	生命倫理法（1994年の改正(2000)）により、特例として、胚および胚性細胞に関する研究は認められている。	同法により、商業、産業、研究、治療目的でのヒト胚クローン作成を進める行為は罰せられる。
韓国	生命倫理法（2004）により、余剰胚の研究目的での使用が認められる。	同法に基づき、国家生命倫理委員会が作成したガイドラインに基づいてヒトクローン胚作成を認める。クローン人間作成は禁止。
日本	ヒトES細胞の樹立及び使用に関する指針（2001）により、余剰胚を利用したES細胞作成は樹立。	「ヒトに関するクローン技術等の規制に関する法律」および同法に基づく指針により、ヒトクローン胚の作成は認めず。

第6節　トランスジェニック動物とキメラマウス

動物の受精卵に外来のDNAをマイクロインジェクション法などで導入して、この受精卵を代理母の子宮に入れることによってトランスジェニック動物を作ることができる。トランスジェニック transgenic とは、「外来の遺伝子を導入された」という意味である。ヒトのタンパク質を作る遺伝子を組み込み込んだヒツジなどがすでに作られている。トランスジェニック動物を作る研究で最も期待されていることは病態動物を作ることである。つまりヒトの病気と同じような病態を作ることによってヒトの薬の効果の検査に使うことができる。例えば高血圧のマウスを作ったり、ヒトの腫瘍の遺伝子をいれて腫瘍を作らせてそれぞれの薬の治験に使うわけである。産業的に高価な医薬品成分を分泌させる乳牛や、臓器をヒトに移植しても拒絶反応が起こらない臓器の大きさがヒトに近いミニブタを作る研究がすすめられている。

第3章第2節で述べたポマト、第4節で述べた害虫抵抗性や除草剤耐性植物はトランスジェニック植物といえる。また市販されている青いカーネーションや青いバラもトランスジェニック植物である。

次にキメラマウスについて考える。キメラという名の由来はギリシャ神話に登場する、頭はライオン、胴はヤギ、尾はヘビという動物である。胚盤胞の空孔に他の胚のES細胞を注入し融合させ、代理母の子宮に胚盤胞を入れ、生まれた子供がキメラマウスである。例えば黒色を発色する遺伝子を持つ細胞からなる胚盤胞に白色を発色する他の胚のES細胞を注入することにより細胞を融合させ、胚盤胞を代理母の子宮に入れ、生まれた子供には、黒色と白色のまだら状の子供マウスができる（図20）。これがキメラマウスである。色だけではなく全ての組織はES細胞が分化増殖した細胞と宿主の細胞が分化増殖した細胞のモザイクからできている。精子のもとになる精母細胞も卵子のもとになる卵母細胞もES細胞からできたものと、宿主細胞からできたものがある。したがって遺伝子組換え技術でES細胞の遺伝子を組みかえて、キメラマウスを作るとその生殖細胞は組換えES細胞遺伝子（Aとする）または宿主遺伝子（Bとする）のどちらかである。雄（AまたはB）と雌（AまたはB）のキメラマウス同士を交尾させると、生まれた子供キメラマウスの遺伝子型は次の4つになる。（A、A）、（A、B）、（B、A）、（B、B）。つまり4分の1の確率で完全な組換えES細胞のみからなるマウスがえられることになる。そしてこのマウス同士をかけ合わせれば、無限ともいえる完全組換え遺伝子マウスを得ることができる。この事実は実験医学の大革命をよび、実験遺伝学に新しいページを開いたといわれている。先にトランスジェニック動物の一つの目的は病態動物を作ることであると述べたが、遺伝子組換えキメラマウスはこの病態マウスの大量生産を可能にしたのである。

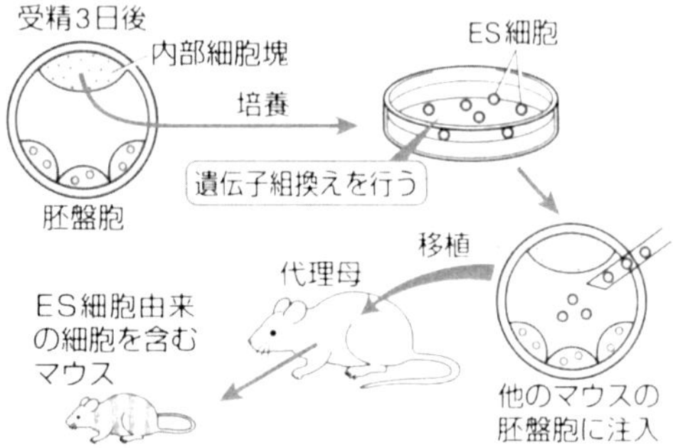

図20　キメラマウスの作成

『高等学校生物Ⅱ』（数研出版）p.95, 2003年検定済教科書

さらに本来マウスが持っている遺伝子によく似た遺伝子を遺伝子組換え技術で挿入し、もとの遺伝子が働かないようにしたマウスをノックアウトマウスという。第2章第12節の表14でガン抑制遺伝子があることを述べたが、最も有名なのがP53遺伝子である。P53遺伝子をノックアウト（働かないようにした）したノックアウトマウスと健常マウスを比較することによってP53遺伝子のガン抑制性が確認され、ガン患者の患部にP53遺伝子を直接挿入する治療が実用化され効果をあげている。

ところでクローンヒツジのドリーは人間のための治療薬（例えば血友病治療薬であるヒトの凝固因子など）を作り出す遺伝子をヒツジのES細胞の遺伝子に組み込み、ミルクと共にださせることを目的とし、ヒツジの遺伝子組換えES細胞からキメラヒツジを作り、孫キメラヒツジから大量の薬剤ミルクを得ることが初期の目的であったと巷間伝えられている。

第７節　バイオテクノロジーのその他の医療への応用例

前節で述べたガンP53遺伝子を使った遺伝子治療の外に有名なものは、アメリカで行われたADA（アデノシンデアミナーゼ）欠損症の少女に行われたものである。ADA欠損症は、遺伝子の異常によってADA酵素が産生できなくなり、免疫をつかさどるリンパ球が破壊され、その結果、免疫不全を起こし死亡する遺伝病である。このような遺伝病患者の細胞に正常な遺伝子を持つDNA断片を導入することで遺伝病を治療できる。目的とする遺伝子を含むDNA断片を患者の細胞に運び込むベクターとしてはウイルスを用いる。このウイルスはヒト細胞に感染し、そのDNAをヒト細胞のDNAに組み込むが細胞内では増殖できなくしたものである。この方法で正常なADA遺伝子を導入する治療が行われている（図21）。

体を構成する細胞へと分化する能力と、そうした細胞になる前の未分化な状態で自己複製を続けられる能力とを併せ持つ細胞を一般に幹細胞という。何回も出てきたES細胞が代表であるが、実は我々は体のいたるところにこの幹細胞を持っている。血液や皮膚、髪の毛といった新陳代謝が著しい組織では新たな細胞を供給し続ける。それぞれの組織の細胞になるだけではなく全能性を示すものも発見されている。この細胞を体性幹細胞という。その代表が骨髄にある間葉系幹細胞である。重症心不全患者の骨髄液から取り出したこの細胞を３週間かけて大量に増やし、患者自身の心臓へ注射する。２年間、30～70代の８人に実施したところ、特に副作用はなく約半数の患者に心機能の改善が見られた。この脊髄の間葉系幹細胞は、心臓をはじめあごの骨や関節軟骨などの再生医療に使用されている。体性

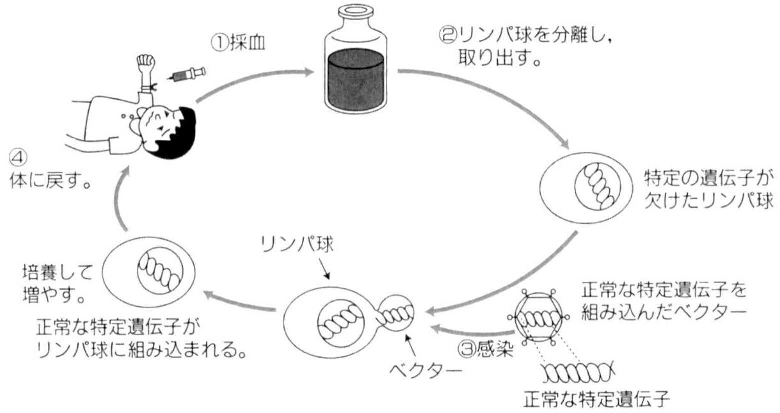

図 21　ADA 欠損症の遺伝子治療

『高等学校生物Ⅱ』（新興出版社啓林館）p.106，2004 年検定済教科書

幹細胞は大人では数が少ないという問題を抱えているが、患者自身の細胞を利用して病気や怪我で傷んだ組織や臓器に移植できるというメリットがある。つまりもともと自分自身の細胞であるので全く拒絶反応が起きない。第 4 章第 5 節で述べたように、日本ではいまだにクローン胚 ES 細胞が作成できないので、ES 細胞による拒絶反応がない再生医療治療が行えない。よって現在もっとも注目されているのがこの体性幹細胞である。

第5章　生殖技術と生命倫理

第1節　人間の生殖技術

ヒトの人工授精は人為的にヒトの精子を女性性器官である膣、子宮頚管、子宮腔などに注入する操作を指し、望まれる子供を得ることが目的である。使用精液により配偶者間人工授精（AIH：Artificial Insemination Husband's semen）と非配偶者間人工授精（AID：Artificial Insemination Donor's semen）に区別される。人工授精に関してはすでに古代2世紀の古代パレスチナで議論されたといわれるが1799年にイギリスのジョンハンターが尿道下裂の男性の精液をその妻の膣内に注入して妊娠に成功したのがヒトにおける人工授精の始まりである。AIDに関しては、1884年にパンコーストにより無精子症の夫を持つ妻に対して行われたのが最初であり、日本では慶應義塾大学でAIDの1号が1949年に誕生している。1992年に第4章第1節で述べたマイクロキャピラリーを使うマイクロインジェクション法による顕微授精（ICSI：Intra Cytoplasmic Sperm Injection）が導入されAID選択者は減少した。しかし年平均1,606組の夫婦がAIDを行い、164人赤ちゃんが誕生している（1998年～2002平均）。すでに日本では、1949年以降、6万人以上の赤ちゃんがAIDにより誕生しているのが実態である。また、1978年英国において世界で初めて体外受精（IVF：In Vitro Fertilization このVitroの意味はガラス器具でという意味である）による試験管ベビーが誕生した。日本では、1983年より体外受精が実施され、体外受精と顕微授精を合計して2万3千人の子供が誕生し、AIDと合わせた合計で8万5千人以上の子供が生まれている（2001年までの累計）。なお、人工授精と体外受精の「じゅ」の漢字が異なることに注意したい。

1995年より、インターネットによる営利目的による業者による精子売買が行われ始め、日本産科婦人科学会はこれらを規制するために、1997年「非配偶者間人工授精と精子提供」に関する見解を会告した。その内容は次のようなものである。

精子提供による非配偶者間人工授精（以下本法）は、不妊の治療として行われる医療行為であり、その実施に際しては、我が国における倫理的・法的・社会的基盤を十分に配慮し、これを実施する。

(1) 本法以外の医療行為によっては、妊娠成立の見込みがないと判断され、しかも本法によって挙児を希望するものを対象とする。

(2) 被実施者は法的に婚姻している夫婦で、心身ともに妊娠・分娩・育児に耐え得る状態にあるものとする。

(3) 実施者は医師で、被実施者である不妊夫婦双方に本法を十分に説明し、了解を得た上で同意書等を作成し、それを保管する。また本法の実施に際しては、被実施者夫婦およびその出生児のプライバシーを尊重する。

(4) 精子提供者は健康で、感染症がなく自己の知る限り遺伝性疾患を認めず、精液所見が正常であることを条件とする。精子提供者は、本法の提供者になることに同意して登録をし、提供の期間を一定期間内とする。

(5) 精子提供者のプライバシー保護のため精子提供者は匿名とするが、実施医師は精子提供者の記録を保存するものとする。

(6) 精子提供は営利目的で行われるべきものではなく、営利目的での精子提供の斡旋もしくは関与または類似行為をしてはならない。

(7) 非配偶者間人工授精を実施する施設は日本産科婦人科学会へ施設登録を行う。

以上であるがポイントは（5）の精子提供者の記録保持と（6）営利目的の精子提供禁止である。

そして1997年のこの段階では日本産科婦人科学会は、AIDとは逆の第3者提供卵子と夫の精子との体外受精を認めていなかった。1998年6月長野県諏訪マタニティ院長根津八紘（ねづやひろ）氏が、ある夫婦の妻の妹の卵子を夫の精子と体外受精させ、受精卵を妻の子宮に着床させて、双子の男児を出生させたと公表した。根津氏は、借り卵子による出生を認めていなかった日本産科婦人科学会の会告に違反したということで学会を除名された。これに異を唱えたのが、わが国の生命倫理の第1人者の加藤尚武京都大学名誉教授（現在）であった。この除名問題を機に、加藤氏等の後押しもありわが国の生殖政策が大きく変化していくことになる。

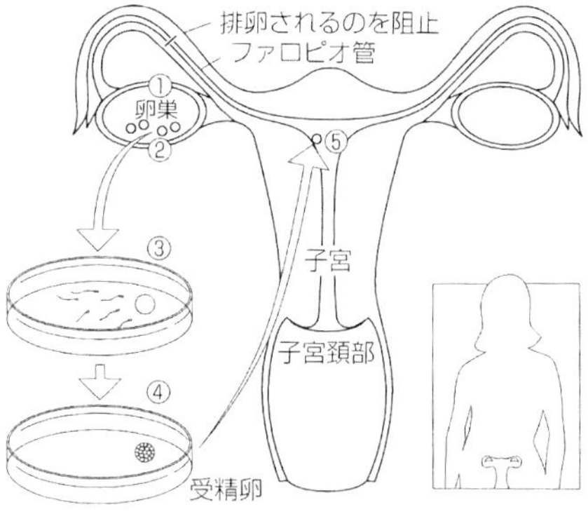

図22　ヒト体外受精

井上尚之他著『科学技術の歩み』（建帛社）p.17，2003年

上図の説明：

①卵巣内の卵熟成を刺激するためホルモン療法を行う。

②腹腔鏡によって、切開した腹部の卵巣から卵を取り出す。

③卵を血漿と培養液の入ったシャーレに入れ、精子をかける。

④卵と一つの精子が受精したら同じ培養液の入った別のシャーレに移し、胚盤胞が形成されるまで3～6日間おく。

⑤この受精卵を子宮に移植すると、卵は子宮壁に着床し、正常な発生を始める。

第2節　借り卵子は許されるか

妊娠、出産には次表にあげる８つの類型がある。

表18　妊娠、出産の８つの類型

	状　　況	精子	卵	子宮
1	不妊でない普通の夫婦の場合	自精子	自卵子	自子宮
2	借り腹（ホストマザー）の場合	自精子	自卵子	他子宮
3	卵子だけ提供（借り卵子）を受ける場合	自精子	他卵子	自子宮
4	ドナーによる人工授精（AID）の場合	他精子	自卵子	自子宮
5	代理母（サロゲートマザー）の場合	自精子	他卵子	他子宮
6	精子と子宮の提供の場合	他精子	自卵子	他子宮
7	精子と卵子の提供の場合	他精子	他卵子	自子宮
8	完全他人の場合	他精子	他卵子	他子宮

これら８つの類型の中で１と８は自然な出産である。２から７までが生殖補助出産である。生殖補助出産である６類型は、2、3、４のように自分の因子を２つ持つ場合と、5、6、７のように自分の因子を１つだけ持つ場合に分けられる。

加藤氏は次のように述べている。

子供を生んだ女性をその子の母とする、と定める。すると他人のお腹を借りて子供を生んでもらう契約をしてもその子を産んだ人が実母なのだから、子供を生むことを依頼した人は実母にはなれない。借り腹（ホストマザー）も代理母（サロゲートマザー）も禁止する。理由はこうである。実際に子供を自分のお腹で育てた人は、生まれた赤ちゃんを自分のものだと思わずにいられない。この気持ちを否定するような態度を無理にとると様々な精神障害を発生する恐れがある。欧米には、お金をもらってプロテスタントからカトリックに改宗することは宗教的信念という譲渡してはならないものを譲渡する罪であるという理論があった。同様に生んだ子の母であることは絶対に譲渡してはならないことであると考えるのがよいとわたしは思う。すると生んだ子を養子に出すことも禁止するのかと聞く人があるかもしれない。子供を生んだ女性をその子の母とする場合には、産んだ子を養子に出す場合でもその子の親として法律的に記録が残され、その子の母として決定権を行使する形になる。こういう理由で「他子宮」は認めるべきではない。

実際、ホストマザーに対する規制がないアメリカでは、ホストマザーになった女性が赤ちゃんを依頼者に引き渡さず訴訟になっている件やホストマザーがいったん引き渡した赤ちゃんを取り戻す訴訟を起こしている件が報告されている。

「他子宮」を除くと、3、4、7が残る。4はAIDであり、1949年以来行われてすでに6万人以上の子供が誕生しているので問題はない。3は「卵子だけ提供を受ける」である。4は「精子だけ提供を受ける」ことであるので、平等性からいくと3も認めるべきであり、さらに自子宮である7も認めるべきであるというのが加藤氏の主張である。2003年5月21日に厚生労働省の厚生科学審議会生殖補助医療部会において、2001年7月から検討されていた「精子・卵子・胚の提供等による生殖補助制度の整備に関する報告書」がまとまった。加藤氏もこの医療部会の20名のメンバーの一人である。報告書は、加藤氏の上述の意見の通り、3、4、7を認め、2、5、6の「他子宮」は認めないものになっている（8は全て他人であるのではじめから除外)。この報告書は6つの基本的考え方をベースに作成されている。

①生まれてくる子の福祉を優先する。

②人を専ら生殖の手段として扱ってはならない。

③安全性に十分配慮する。

④優生思想を排除する。

⑤商業主義を排除する。

⑥人間の尊厳を守る。

特筆すべきは、AIDや体外受精によって生まれた子供たちに自分の出自を知る権利をみとめたことである。報告書には次のように記されている。

出自を知る権利

提供された精子・卵子・胚による生殖補助医療により生まれた子または自らが当該生殖補助医療により生まれたかもしれないと考えている者であって、15歳以上の者は、精子・卵子・胚の提供者に関する情報のうち、開示を受けたい情報について、氏名、住所等、提供者を特定できる内容を含め、その開示を請求をすることができる。

開示請求に当たり、公的管理運営機関は開示に関する相談に応ずることとし、開示に関する相談があった場合、公的管理運営機関は予想される開示に伴う影響についての説明を行うとともに、開示に係るカウンセリングの機会が保障されていることを相談者に知らせる。特に、相談者が提供者を特定できる個人情報の開示まで希望した場合は特段の配慮を行う。

この背景には、欧米や日本で自分がAIDで生まれたことを知った子供たちが、実の父（精子提供者）を求めてさまよい続けるという深刻な事態がある。

また、精子・卵子・胚の提供における匿名性は当然であるが、その特例としての兄弟姉妹からの提供は認めていない。したがって、前出の根津医師が行った姉妹間の卵子提供は認められないのである。

精子・卵子・胚の提供における匿名性

精子・卵子・胚の提供における匿名性の保持の特例として、兄弟姉妹等からの精子・卵子・胚の提供を認めることとするかどうかについては、当分の間、認めない。

この理由として次のことがあげられている。

(1) 兄弟姉妹等からの精子・卵子・胚の提供を認めることとすれば、必然的に提供者の匿名性が担保されなくなり、また、遺伝上の親である提供者が、提供を受けた人や提供により生まれた子にとって身近な存在となることから、提供者が兄弟姉妹等ではない場合以上に人間関係が複雑になりやすく子の福祉の観点から適当ではない事態が数多く発生することが考えられること、(2) 兄弟姉妹等からの精子・卵子・胚の提供を認めることは、兄弟姉妹等に対する心理的な圧力となり、兄弟姉妹等が精子・卵子・胚の提供を強要されるような弊害の発生も想定されること等から、兄弟姉妹等からの精子・卵子・胚の提供については、当分の間、認めないとする意見が多数を占めた。

卵子提供の場合、姉妹間の提供が否定されると無償での提供者の存在は困難になると考えられるが、報告書ではこの克服のためにエッグシェアリングをあげている。

他の夫婦が自己の体外受精のために卵子を採取する際、その採卵の周期に要した医療費等の経費の半分以下を負担した上で卵子の一部の提供を受け、当該卵子を用いて体外受精を受けること(卵子のシェアリング)について認める。

例えば、自精子、自卵子はあるが妊娠しにくい夫婦が体外受精のために卵子を摘出するとき複数の卵子を採卵するのでそのいくつかをもらうわけである。体外受精の費用は保険適用外であるので高額である。仮に50万円とすると卵子をもらう側が25万円までの負担を認めている。この負担軽減が卵子提供のインセンティブになることを期待しているのである。

以上が厚生科学審議会生殖補助医療部会がまとめた報告書の概要であるが、精子・卵子・胚の提供者の法的地位はどうなるであろうか。

第3節　精子・卵子・胚の提供者の法的地位

法務省法制審議会生殖審議会補助医療関連親子法制部会では、精子・卵子・胚等の提供による生殖補助医療により出生した子の法律上の親子関係を明確にする規律を設けることについて、2001年4月より審議を行ってきた。2003年5月21日に厚生労働省の厚生科学審議会生殖補助医療部会が「精子・卵子・胚の提供等による生殖補助制度の整備に関する報告書」をまとめたことにより、中間試案を発表し、2003年7月から8月にパブリックコメントを国民に求めた。最終案はいまだ発表されていないが中間試案の概要は次のようにまとめられる。

(1) 卵子又は胚の提供による生殖補助医療により出生した子の母子関係について

女性が自己以外の女性の卵子（その卵子に由来する胚を含む）を用いた生殖補助医療により子を懐胎し、出産したときは、その出産した女性をこの母とする。

(注) ここでいう生殖補助医療は第3者から提供された卵子を用いて妻に対して行われる生殖補助医療に限られず、独身女性に対するものや借り腹等を含む。

(2) 精子又は胚の提供による生殖補助医療により出生した子の父子関係について

妻が夫の同意を得て、夫以外の男性の精子（その精子に由来する胚を含む。以下同じ）を用いた生殖補助医療により子を懐胎したときは、その夫を子の父とするものとする。

(注1) このような生殖補助医療に対する夫の同意の存在を推定するとの考え方は採らないこととする。

(注2) この案は、法律上の夫婦が第三者の精子を用いた生殖補助医療を受けた場合のみに適用される。

(3) 生殖補助医療のため精子が用いられた男性の法的地位

1. ①制度枠組みの中で行われる生殖補助医療のために精子を提供した者は、その精子を用いた生殖補助医療により女性が懐胎した子を認知することができないものとする。

   ②民法第787条の認知の訴えは、①に規定する者に対しては、提起することができないものとする。

2. 生殖補助医療により女性が子を懐胎した場合において、自己の意に反してその精子が当該生殖補助医療に用いられた者についても、1.と同様とするものとする。

この中間試案のポイントは、借り腹（ホストマザー）や代理母（サロゲートマザー）を仮に行ったとしても、ホストマザーやサロゲートマザー自身が母になり、依頼した女性は決して母にはなれないということである。したがってホストマザーやサロゲートマザーを依頼するメリットがなくなる。また、精子・卵子・胚の提供者は出生した子供に対して何の権利も義務もないことである。

第4節　まとめ

この節では、いままで見てきたバイオテクノロジー技術の問題点を挙げて、今後の問題提起としたい。

(1) 遺伝子組換え食品に関して現在の技術における安全性は確認されているが、長期に摂り続けた場合のアレルギーなどの安全性の問題。

(2) 遺伝子組換え植物、動物が自然界に放出されたときの生態系への影響。例えば現在外国の昆虫が大量に輸入され、日本の生態系を乱していることが問題となっているが、遺伝子組換え昆虫が自然界に放たれたとき影響は非常に大きなものになる。

(3) 組換え作物の場合、開発企業に特許料・種苗・種子代金・技術使用料を支払い、その企業の農薬や除草剤を購入しなければならない。その企業に利益が集中し、在来農業が崩壊することになりかねないという意見がある。

(4) 遺伝子診断によってアルツハイマーなどの遺伝子の保有有無がわかるが、自分の病気を知る権利、知らされない権利など、個人の選択の自由が保障される必要がある。アルツハイマーの遺伝子の保有がわかっても、現在治療法がない。

(5) 遺伝子診断がいったん社会的に認知されれば、就職・結婚・保険加入などの個人の権利が遺伝病により侵される可能性がある。遺伝子という個人情報は確実に保護されなければならない。

(6) すでにベンチャー企業により医薬品の実用化に必要な遺伝子が多数特許申請されている。人間の遺伝子の商品化が行われ、商業主義がこれを加速している。人間の遺伝子が分断され商品になることが人間や社会にどのような影響を与えるか考える必要がある。

(7) 営利を目的とするバイオテクノロジーによる人間の生殖技術の進歩に倫理、法律が追いついていけないのが現状である。これらの生殖技術を我々が欲望のおもむくままに使用してよいのか。使用を控えるべきであるという根強い意見があることにも耳を傾ける必要がある。

主要参考文献

第１章　血液型の発見

竹内久美子『小さな悪魔の背中の窪み』（新潮文庫、1999）

科学朝日編『スキャンダルの科学史』（朝日新聞社、1997）

横山輝雄『生物学の歴史 ―進化論の形成と展開』（放送大学教育振興会、1997）

能見正比古『血液型でわかる相性』（青春出版社、1971）

松田薫『血液型と性格の社会史』（河出書房新社、1991）

『サイエンス電子版』（2006 年 5 月 25 日）

第２章　遺伝子の本体

ブレンダ・マドックス著・福岡伸一訳『ダークレディと呼ばれて ―二重らせん発見とロザリンド・フランクリンの真実』（化学同人、2005）

ジョイス・ボールドウィン著・寺門和夫訳『― DNA のパイオニア―ジェームス・ワトソン』（ニュートンプレス、2000）

清水信義『ヒト「ゲノム」計画の虚と実』（ビジネス社、2000）

榊佳之『ヒトゲノム』（岩波新書、2001）

松原謙一『遺伝子とゲノム』（岩波新書、2002）

金子隆一『ゲノム解読がもたらす未来』（洋泉社、2001）

宮木幸一『ポストゲノムのゆくえ』（角川 one テーマ 21、2001）

岩槻邦男　近藤喜代太郎『ゲノム生物学』（放送大学教育振興会、2003）

石川統『新訂分子生物』（放送大学教育振興会、2001）

第３章　バイオテクノロジー（1）

厚生労働省ホームページ

農林水産省ホームページ

環境省ホームページ

日本モンサント社株式会社ホームページ

日本農芸化学会編『遺伝子組換え食品』（学会出版センター、2000）

山田康之　佐野浩『遺伝子組換え植物の光と影』（学会出版センター、2000）
三瀬勝利『遺伝子組換え食品の「リスク」』（NHK ブックッス、2001）
軽部征夫『バイオテクノジー』（放送大学教育振興会、2001）
川口啓明　菊池昌子『遺伝子組換え食品』（文春新書、2003）
渡辺雄二『よくわかる遺伝子組み換え食品』（KK ベストセラーズ、2001）
渡辺雄二『遺伝子組み換え食品の恐怖』（KAWEDE 夢新書、1997）
渡辺雄二『遺伝子組み換え Q ＆ A』（青木書店、1997）
藤垣裕子編『科学技術社会論の技法』（東京大学出版会、2005）

第４節　バイオテクノロジー（2）
大朏博善『ES 細胞』（文春新書、2000）
岩崎説雄『クローンと遺伝子』（ワニの NEW 新書、2000）
青野由利『遺伝子問題とは何か』（新曜社、2000）
柳沢恵子『遺伝子医療への警鐘』（岩波現代文庫、2002）
一橋文哉『ドナービジネス』（新潮社、2002）
才園哲人『ポストゲノム』（かんき出版、2001）
中内光昭『クローンの世界』（岩波ジュニア新書、1999）

第５章　生殖技術と生命倫理
法務省ホームページ
加藤尚武『脳死・クローン・遺伝子治療』（PHP 新書、1999）
加藤尚武『21 世紀の倫理を求めて』（NHK 人間講座、2000）
岩槻邦男『生命環境科学１生命の多様性』（放送大学教育振興会、2002）
近藤喜代太郎　藤木典生『医療・社会・倫理』（放送大学教育振興会、2001）
井上尚之他『科学技術の歩み ―STS 的諸問題とその起源』（建帛社、2000）

以上のほか、現在発行されている生物の全ての高等学校検定教科書・図説（数研出版、啓林館、第一学習社、三省堂、大日本図書、教育出版、東京書籍、浜島書店）を参考にさせていただきました。

【著者紹介】

井上尚之（いのうえ・なおゆき）

1954 年大阪生まれ。京都工芸繊維大学卒業。大阪府立大学大学院博士課程修了。
理学博士、博士（学術）。国・公・私立大学兼任講師。
環境マネジメントシステム ISO14001 審査員。環境計量士。

【専攻】 科学技術史、環境マネジメント、科学教育。

【著書】『ナイロン発明の衝撃　ナイロンが日本に与えた影響』関西学院大学出版会　2006
『原子発見への道　ギリシャからドルトンへ』関西学院大学出版会　2006
『風呂で覚える化学』教学社　2005
『科学技術の発達と環境問題（2 訂版）』東京書籍　2002
『科学技術の歩み ―STS 的諸問題とその起源』（共著）建帛社　2000
『蒸気機関からエントロピーへ』（共訳）平凡社　1989　ほか

K.G. りぶれっと No.15
生命誌　メンデルからクローンへ

2006 年 10 月 30 日初版第一刷発行
2007 年　9 月 20 日初版第二刷発行
2009 年　1 月 15 日初版第三刷発行

著　者　井上尚之
発行者　山本栄一
発行所　関西学院大学出版会
所在地　〒 662-0891　兵庫県西宮市上ケ原一番町 1-155
電　話　0798-53-7002

印　刷　協和印刷株式会社

Printed in Japan by Kwansei Gakuin University Press
ISBN 4-86283-002-1

http://www.kwansei.ac.jp/press

関西学院大学出版会「K・G・りぶれっと」発刊のことば

大学はいうまでもなく、時代の申し子である。

その意味で、大学が生き生きとした活力をいつももっていてほしいというのは、大学を構成するもの達だけではなく、広く一般社会の願いである。

研究、対話の成果である大学内の知的活動を広く社会に評価の場を求める行為が、社会へのさまざまなメッセージとなり、大学の活力のおおきな源泉になりうると信じている。

遅まきながら関西学院大学出版会を立ち上げたのもその一助になりたいためである。

ここに、広く学院内外に執筆者を求め、講義、ゼミ、実習その他授業全般に関する補助教材、あるいは現代社会の諸問題を新たな切り口から解剖した論評などを、できるだけ平易に、かつさまざまな形式によって提供する場を設けることにした。

一冊、四万字を目安として発信されたものが、読み手を通して〈教え―学ぶ〉活動を活性化させ、社会の問題提起となり、時に読み手から発信者への反応を受けて、書き手が応答するなど、「知」の活性化の場となることを期待している。

多くの方々が相互行為としての「大学」をめざして、この場に参加されることを願っている。

二〇〇〇年　四月